初學到認證

從Java到Android
行動裝置程式設計
必修的 15 堂課

趙令文 著

2AU042

初學到認證：從 Java 到 Android 行動裝置程式設計必修的 15 堂課

作　　者／趙令文
審　　閱／台中市電腦商業同業公會
執行編輯／單春蘭
特約美編／鄭力夫
封面設計／走路花工作室

行銷企劃／辛政遠
行銷專員／楊惠潔
總 編 輯／姚蜀芸
副 社 長／黃錫鉉

總 經 理／吳濱伶
發 行 人／何飛鵬
出　　版／創意市集
發　　行／城邦文化事業股份有限公司
　　　　　歡迎光臨城邦讀書花園
　　　　　網址：www.cite.com.tw
香港發行所／城邦 (香港) 出版集團有限公司
　　　　　香港灣仔駱克道193號東超商業中心1樓
　　　　　電　話：(852) 25086231
　　　　　傳　真：(852) 25789337
　　　　　E-mail：hkcite@biznetvigator.com
馬新發行所／城邦 (馬新) 出版集團
　　　　　Cite (M) Sdn Bhd
　　　　　41, Jalan Radin Anum, Bandar Baru Sri Petaling,
　　　　　57000 Kuala Lumpur, Malaysia.
　　　　　電　話：(603) 90578822
　　　　　傳　真：(603) 90576622
　　　　　E-mail：cite@cite.com.my

國家圖書館出版品預行編目資料

初學到認證：從Java到Android行動裝置程式設
計必修的15堂課/ 趙令文著. -- 初版. -- 臺北市：
電腦人文化出版：城邦文化發行, 2017.12
面；　公分
ISBN 978-986-199-484-0(平裝)

1.行動電話 2.行動資訊 3.軟體研發

448.845029　　　　　　　　　106020254

印刷／凱林印刷有限公司
2017年(民106) 12月 初版一刷　　Printed in Taiwan
定價／520元

若書籍外觀有破損、缺頁、裝釘錯誤等不完整現
象，想要換書、退書，或您有大量購書的需求服
務，都請與客服中心聯繫。

客戶服務中心
地址：10483 台北市中山區民生東路二段141號B1
服務電話：（02）2500-7718、（02）2500-7719
服務時間：週一 ～ 週五9：30～18：00
24小時傳真專線：（02）2500-1990～3
E-mail：service@readingclub.com.tw

※　詢問書籍問題前，請註明您所購買的書名及書
　　號，以及在哪一頁有問題，以便我們能加快處
　　理速度為您服務。

※　我們的回答範圍，恕僅限書籍本身問題及內容
　　撰寫不清楚的地方，關於軟體、硬體本身的問
　　題及衍生的操作狀況，請向原廠商洽詢處理。

廠商合作、作者投稿、讀者意見回饋，請至：
FB 粉絲團 http://www.facebook.com /InnoFair
E-mail 信箱 ifbook@hmg.com.tw

前言

專業鑑定

經濟部為充裕產業升級轉型所需人才，於 105 年起專案推動產業人才能力鑑定業務，整合產官學研共同能量，建立能力鑑定體制及擴大辦理考試項目，由經濟部核發能力鑑定證書，並促進企業優先面試聘用及加薪獲證者。

爰此，因應國內行動裝置應用產業發展趨勢與人才需要，策劃產業人才之能力鑑定制度，期有效引導學校或培訓機構因應產業需求規劃課程，以輔導學生就業、縮短學用落差，同時鼓勵在校學生及相關領域從業人員報考，引導民間機構投入培訓產業，以訓考用循環模式培養符合產業及企業升級轉型所需人才，並提供企業選用優秀關鍵人才之客觀參考依據，以提升行動裝置應用產業人才之素質與競爭力。

特色與優勢：

1. 由經濟部發證，最具公信力。

2. 以產業專業職務之職能基準為基礎，以專業、系統化發展行動裝置程式設計師人才之能力鑑定制度。

3. 可獲得認同企業優先面談聘用機會，並作為個人能力評估，以全方位提升個人學習力、就業力與競爭力。

辦理單位

主辦單位：經濟部工業局

承辦單位：工業技術研究院

執行單位：資訊工業策進會

初級鑑定範圍表

Android 考科各級等能力指標：

初級		
項目	考科	Android 考科
	1. 行動裝置概論	2. 行動裝置程式開發 -Android 程式設計
能力指標	· 瞭解行動裝置技術之專有名詞及其代表意義 · 瞭解目前行動裝置產業的重要技術以及各技術的主要應用領域 · 具備行動網路及資訊安全、個資法的基礎觀念	· 具備程式語言基礎，並瞭解物件導向程式語言的觀念，及如何進行軟體測試與除錯 · 具備 Android 程式開發基礎能力，包括使用者介面 (UI) 設計、I/O 輸出入串流，及其他與 Android 行動裝置相關的基礎服務

初級鑑定與本書章節對應表

考科：行動裝置程式開發 -Android				
評鑑主題	評鑑內容	參考百分比	考試範圍	教材單元
1. 程式設計概論	1-1 程式語言基礎	10%	Java 語法、資料結構	第 0 章 Java 物件導向程式設計
			例外處理、迴圈、流程控制	
			運算子、函式與參數傳值	
	1-2 物件導向程式語言	15%	繼承、覆寫、封裝、建構子	
			抽象類別觀念、Interface 觀念	

評鑑主題	評鑑內容	參考百分比	考試範圍	教材單元
	1-3 軟體測試與除錯	5%	軟體測試方式、軟體偵錯技巧	無
			軟體開發流程、軟體測試流程	
2. Android 程式開發	2-1 Android-UI 設計	20%	UI 基本元件運用：Toast、AlertDialog、ListView 等	第 5 章 常用 UI 元件
			Layout 佈局與各式 Layout 運用	第 4 章 常用版面配置
			Activity 運用與生命週期	第 3 章 Activity 運作模式
			Touch 事件	第 5 章 常用 UI 元件
			MVC 架構、字串處理	第 2 章 開發架構基本認識 第 0 章 Java 物件導向程式設計
			開發時的圖檔與資源檔案安排	第 2 章 開發架構基本認識 第 5 章 常用 UI 元件
	2-2 Android-I/O 輸出入串流	20%	資料庫儲存技術與檔案管理	第 7 章 儲存存取機制 第 8 章 內容提供者與解析器
			檔案輸出輸入	第 7 章 儲存存取機制
	2-3 Android - 內建裝與系統服務	30%	內建裝置使用：接近感應器、加速感應器、相機、震動等	第 15 章 硬體裝置

評鑑主題	評鑑內容	參考百分比	考試範圍	教材單元
			應用技術：相機、撥打電話等	第 13 章 相機應用處理 第 12 章 影音應用處理
			定位功能：定位技術、LocationManager 使用等	第 11 章 定位與地圖
			Service 運用	第 9 章 Service 服務
			異步執行技術：AsyncTask、Thread 等	第 6 章 執行緒與非同步任務
			Permission 設定	第 7 章 儲存存取機制
			AndroidManifest 設定	第 7 章 儲存存取機制
			官方開發工具與程式語言	第 1 章 開發環境安裝與建立新專案 第 2 章 開發架構基本認識

中級鑑定範圍

截至筆者截稿之前，在官方網站尚未公佈中級鑑定範圍，但是已經舉辦了第一次的中級鑑定，分成上午的單複選題目學科測驗，以及下午三小時共三題的術科測驗，而術科題目的範圍也都落在本書範圍內，並提供附錄 B、C、D 專案練習相關的仿真題目及詳解，以供讀者參考。

目錄

2 開發架構基本認識

3 Activity 運作模式

4 常用版面配置

目錄

5 常用 UI 元件

6 執行緒與非同步任務

7 儲存存取機制

目錄

8 內容提供者與解析器

9 Service

10 網際網路

附錄

目
錄

0

Java 物件導向
程式設計

對於 Android App 的開發者而言，雖然目前有另一種語言 Kotlin 逐漸興起，但還是以 Java 為較普遍應用的程式語言，因此對於 Java 程式語言的基本觀念及實作，會是非常重要的一部分。筆者近年來的授課教學實務經驗，有許多 Android 的初學者，急著想要進入學習開發 Android App，直接跳過學習 Java 程式語言，甚至於沒有物件導向程式開發的概念，抓了一些範例程式就開始學習之路，這樣的學習模式是非常沒有效率的一條路。或許可以在一開始直接以範例進行執行，看到成果，但是一但進行修改或是繼續延伸功能應用時，往往就遲滯不前了。

Java 語言特色

Write once, run anywhere. 寫一次，就可以在任何地方執行。換言之，跨平台是 Java 語言的一大特色，其他的重要特色如下：

- 物件導向

- 跨平台

- 簡單

- 安全

- 高度可攜性

- 多重執行緒

Java 語言程式的程式碼，完全是以物件導向的觀念進行開發，就從第一個 Hello,World 程式來看。

```java
package tw.brad.java;

public class HelloWorld {

    public static void main(String[] args) {
        System.out.println("Hello, World");
    }

}
```

本身都是在撰寫定義一個 HelloWorld 的類別，而 public static void main(String[] args){} 則只是執行進入點。

當寫好之後，就會透過 java 來進行編譯處理。

```
$ java HelloWorld.java
```

觀念如圖：

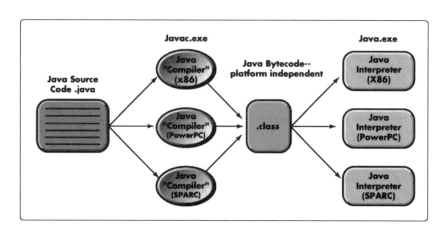

編譯之後的碼為 byte code 的檔案，而非一般單一平台的 binary code 的二進制檔案。以上例而言，產生的 byte code 的檔案就是 HelloWorld.class，將可以進行跨平台執行的程式了。

```
$ java HelloWorld
```

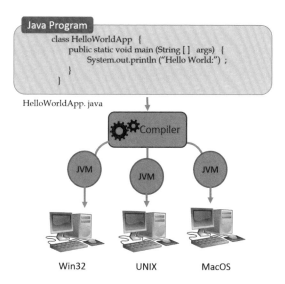

其他的特色將會本章的各個單元中提及。

建立 Java 開發環境

初次學習 Java 語言的初學者，請在作業系統下安裝以下環境：

1. JDK：Java 開發工具

2. IDE：整合開發環境（選項）

JDK

可以依照下圖到官方網站下載 Java SE（Java 標準版本）。

點擊「JDK DOWNLOAD」，進入到以下的網頁。

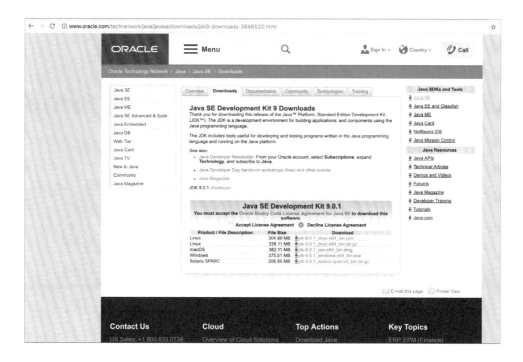

依照所開發的作業系統平台，點擊「Accept License Agreement」後，就可以開始進行下載安裝了。

IDE

雖然大多數的程式語言，都可以利用一般的文字編輯器進行開發工作。但是整合開發環境可以提供資訊更完整的介面，以方便進行學習開發，因此大多數的初學者都應該會選擇使用 IDE 整合開發環境。

建議使用 Eclipse，官方網站在：http://www.eclipse.org，直接進入到下載頁面：（如下頁圖示）

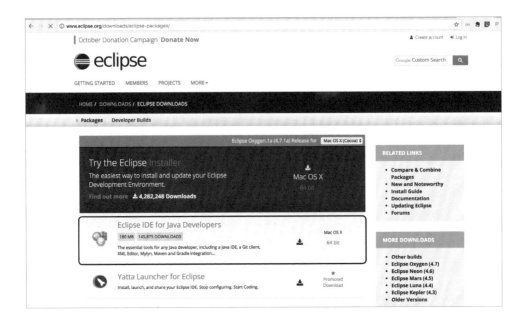

點選「Eclipse IDE for Java Developers」區塊的右邊平台種類，即可逐步下載。安裝程序相當簡單，執行之後，就會進入到歡迎頁面的頁籤。

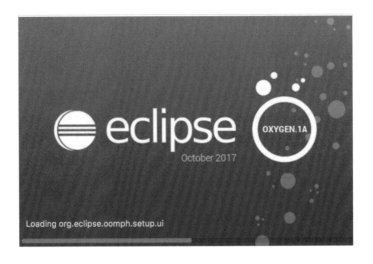

關閉歡迎頁籤之後，開始進行開發工作：

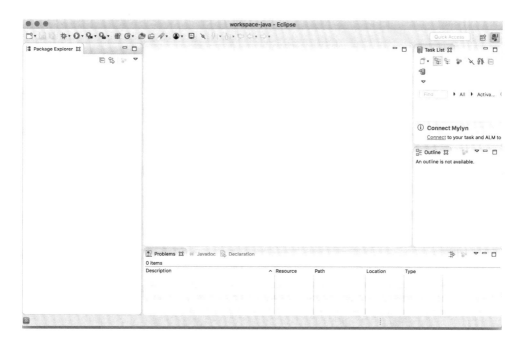

建立專案

在上方的選單列中找到 File，【File → New → Java Project 】。

接著出現建立專案的精靈對話框。

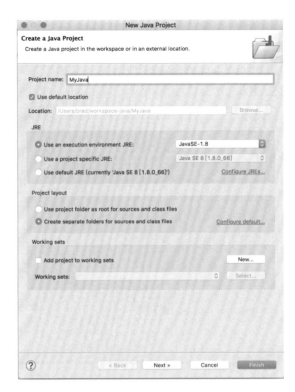

只需要輸入 Project name，開發者自行決定的專案名稱，按下 Finish 後，出現 Java 專案設定對話框。

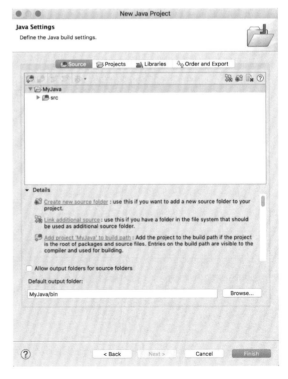

再度按下 Finish 後就可以順利建立開發專案了。

接下來建立 Package，放置 Java 原始碼。在專案名稱下點擊滑鼠右鍵。【New → Package 】。

此時再度出現建立 Package 的精靈對話框。

在 Name 輸入框中輸入自訂的 Package Name，通常是網域名稱倒過來寫，但是一開始學習階段可以先不在意慣例使用。

建立之後的 Package，就開始撰寫第一支程式 HelloWorld，【New → Class】。

在以下的對話框中輸入 Name 為 HelloWorld，並勾選 public static void main(String[] args)。

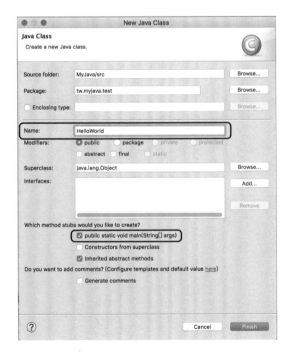

終於可以看到 HelloWorld 的程式碼。

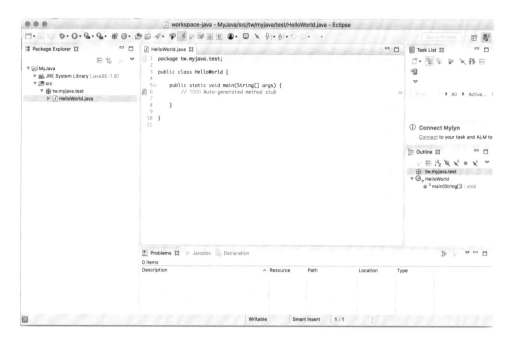

至此即完成 Java 開發環境的建置了。

基本型別

Java 中的資料內容，會依照不同的使用方式及內容，區分出不同型別。而基本型別的資料內容是單純的存放資料值，有別於後面將會介紹的物件型別，其資料內容則將會是參考值，也就是記憶體的位址。共有八種基本型別：

- byte
- short
- int
- long
- char
- float
- double
- boolean

宣告變數

格式如下：

```
型別 自訂變數名稱；
型別 自訂變數名稱1, 自訂變數名稱2, ...;
```

變數名稱的規則如下：

◆ 不可以是關鍵字或是保留字

◆ 第一個字元為：[a-zA-Z$_]

◆ 第二個之後的字元為：[a-zA-Z0-9$_]*

保留字及關鍵字如下表：

abstract	continue	for	new	switch
assert	default	goto	package	synchronized
boolean	do	if	private	this
break	double	implements	protected	throw
byte	else	import	public	throws
case	enum	instanceof	return	transient
catch	extends	int	short	try
char	final	interface	static	void
class	finally	long	strictfp	volatile
const	float	native	super	while

整數資料

byte 資料存放的空間大小為 2 的 8 次方，因為包含正負數，也就是範圍在 -128 到 127 之間的整數值。依此類推，short 為 2 的 16 次方，int 為 2 的 32 次方及 long 為 2 的 64 次方。

以下進行宣告及給值：Brad01.java

```java
package tw.brad.java.example;

public class Brad01 {
    public static void main(String[] args) {
        byte Var1;          // [a-zA-Z$_][a-zA-Z0-9$_]*
        byte Var2 = 123;  // -128 ~ 127 => 2^8
        byte Var3, Var4 = 12, Var5;
        byte $_$;
        byte 變數6;

        short s1;    // 2^16 = 65536 => -32768 ~ 32767
        int i1;      // 2^32 => 4290000000 => 4G
        long long1; // 2^64
    }
}
```

對於基本型別的給值，只要是不帶小數點的數字，皆視為 int。可以給值到 byte 及 short，此時要注意的是不可以超過宣告變數型別的範圍。如果寫成 123L，則表示 123 是佔有與 long 相同空間大小的數值內容，對於整數而言，只能對宣告為 long 的變數進行給值。

在整數中可以進行基本的加減乘除 (+-*/) 及取餘數 (%) 的運算，運算的兩兩數值範圍都在以下：

+ byte

+ short

+ int

+ char

其結果將是 int，即使是兩個 byte 數值運算。因此，以下程式將會發生編譯失敗。

```java
byte v1 = 10;
byte v2 = 3;
byte v3 = v1 / v2;
```

可以修正為：

```
byte v1 = 10;
byte v2 = 3;
int v3 = v1 / v2;
System.out.println(v3);
```

將會印出 3，因為是整數運算，相除取整數的商值。

浮點資料

就是資料值可以精確到小數點的數值資料，有 float 與 double 兩種，範圍大小的差異。只要是帶有小數點的數值，例如 12.3，是以 double 型別視之，除非後面加上 F 或是 f，例如 12.3F，則是以 float 空間大小存放數值 12.3。

float 的資料數值是單精確度的 32 位元，而 double 則是雙精確度的 64 位元。

```
// float / double
float f1 = 123;
float f2 = 123.1f;
double d1 = 123.0;
double d2 = 1.32e2;     // 1.32 x 10^2
System.out.println(d2);
```

字元資料

用來表示一個字元的資料，用一對單引號刮起來的一個字元，也可以視為正整數的資料，佔有 2 的 16 次方的空間大小，也就是 0 到 65535，也可以進行數學運算。

```
char c1 = 'a';    // 97
System.out.println(c1);
char c2 = 65;     // 0 ~ 65535 => 2^16
System.out.println(c2);
char c3 = '書';   //
System.out.println(c3);
```

布林資料

在 Java 中以一個 bit 空間存放的值，以關鍵字來表示 true 或是 false。通常使用
在邏輯判斷運算式中。例如：

```java
public static void main(String[] args) {
    boolean b1 = false;
    if (b1)
        System.out.println("OK");
    else
        System.out.println("XX");

    System.out.println("end");
}
```

決策判斷

if 判斷式

用來處理 boolean 值的不同，而進行不同的處理模式。

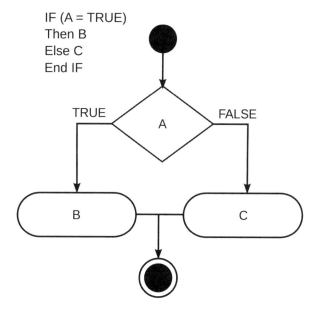

```
IF (A = TRUE)
Then B
Else C
End IF
```

➤ **格式一**

```
if (boolean 值) {
// 當 boolean 值為 true 的執行區塊
}
```

➤ **格式二**

```
if (boolean 值) {
// 當 boolean 值為 true 的執行區塊
}else{
// 當 boolean 值為 false 的執行區塊
}
```

例如以下範例為判斷成績是否及格,而成績變數是以 int 存放,目前其值為 76。

```
int score = 76;
if (score >= 60) {
    System.out.println("PASS");
}else {
    System.out.println("DOWN");
}
```

再來將 score 的給值,改以 Math.random() 來處理。在瀏覽器中輸入搜尋關鍵字 Java API 即可找到 Java API 的網頁資料。

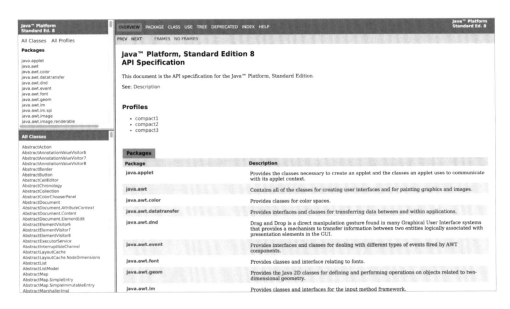

在左上方的 Frame 中，點擊 java.lang 的 Package 後，在左下方的 Frame 中找到 Math 並點擊。將會在右邊的 Frame 看到完整介紹 Math 的類別。

繼續查看 Math 的相關介紹，往下滑動，應該可以找到以下內容：

static double	random()
	Returns a double value with a positive sign, greater than or equal to 0.0 and less than 1.0.

這就是用來產生亂數的方法（method）。也就是說呼叫 Math.random() 之後，將會回傳一個大於或是等於 0.0 並小於 1.0 之間的 double 的數值資料。利用該方法應用於產生整數 0 到 100 分之間的成績料，並判斷是否及格。

```
double temp = Math.random(); // 0.0 <= x < 1.0
int score = (int)(temp * 101);    // 0 - 100 => 101 numbers
System.out.println(score);
if (score >= 60) {
    System.out.println("PASS");
}else {
    System.out.println("DOWN");
}
```

繼續延伸應用範圍，如果：

◆ score 大於等於 90 分，則印出 "A"

- score 大於等於 80 分，則印出 "B"

- score 大於等於 70 分，則印出 "C"

- score 大於等於 60 分，則印出 "D"

- 其餘印出 "D"

則將如下處理。

```java
public static void main(String[] args) {
    double temp = Math.random(); // 0.0 <= x < 1.0
    int score = (int)(temp * 101);      // 0 - 100 => 101 numbers
    System.out.println(score);
    if (score >= 90) {
        System.out.println("A");
    }else if (score >= 80) {
        System.out.println("B");
    }else if (score >= 70) {
        System.out.println("C");
    }else if (score >= 60) {
        System.out.println("D");
    }else {
        System.out.println("E");
    }
}
```

if 決策使用的時機是判斷以二分法進行處理，在分析問題的時候，二分法的觀念可以善加運用。例如以一個判斷閏年的簡單程式而言。假設：

- 年份被 4 整除，該年為閏年

- 但是如果被 100 整除，該年為平年

- 又但是如果被 400 整除，該年又為閏年

何以如此，是自然科學的議題。而要處理的是分析問題。先將年份對 4 進行取餘數運算，如果不被 4 整除，一定是平年；而被 4 整除之數，繼續二分法的觀念往下解決。

```java
public static void main(String[] args) {
    String yearString = JOptionPane.showInputDialog("Input year");
    int year = Integer.parseInt(yearString);
    if (year % 4 == 0) {
```

```
        if (year % 100 == 0) {
            if (year % 400 == 0) {
                // 閏年
            }else {
                // 平年
            }
        }else {
            // 閏年
        }
    }else {
        // 平年
    }
}
```

switch 決策結構

用來處理因為一個關鍵
值，而有兩個以上的不
同處理模式。

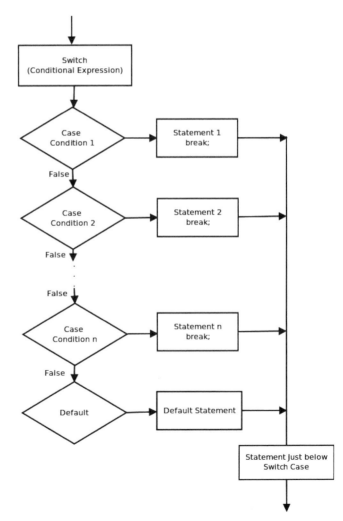

格式：

```
switch(關鍵值) {
case 比對值1:
     // 執行程式
     [break;]
case 比對值2:
     // 執行程式
     [break;]
..
default:
     // 執行程式
     [break;]
}
```

重點

◆ 關鍵值只能是以下

- byte

- short

- int

- char

- String 物件型別

- 列舉型別

◆ 比對值範圍必須落在關鍵值範圍內

◆ 不可以有重複的比對值

◆ 比對值必須為常數，固定不變的數

◆ default 結構可有可無，不一定在最後面

◆ 每個 case 中的 break 敘述句可有可無，沒有的話，將會繼續往下執行，甚至於到下一個 case 區塊，直到 break 敘述句為止

以下為判斷月份有幾天。因為沒有判斷年份，所以 2 月份皆以 28 天計算。

```java
public static void main(String[] args) {
    int month = 9; // 月份數值
    switch(month) {
    case 1: case 3: case 5: case 7: case 8: case 10: case 12:
        System.out.println("31");
        break;
    case 4: case 6:  case 9: case 11:
        System.out.println("30");
        break;
    case 2:
        System.out.println("28");
        break;
    default:
        System.out.println("XX");
        break;
    }
}
```

迴圈結構

for 迴圈

用來處理重複執行的程式。

➤ 格式：

```java
for (敘述句1; 比對boolean判斷值; 敘述句2){
// 程式區塊
}
```

➤ 執行程序：

1. 敘述句 1，迴圈結構初次進入執行，可以省略則跳過不執行。

2. 比對 boolean 判斷值，可以省略則以 true 為其判斷。

   a. true: 執行程式區塊

   b. false: 脫離迴圈

3. 敘述句 2，可以省略則跳過不執行。

4. 回到步驟 2。

以上的重點在於 for 迴圈結構進入後的執行流程。而許多程式設計師都誤以為迴圈結構是以計數器的觀念在運作，事實上，計數器的觀念只是上述執行程序中的一種特例，例如：

```
public static void main(String[] args) {
    for (int i = 0; i<10; i++) {
        System.out.println(i);
    }
}
```

的確是類似計數器的觀念在重複執行十次，但是看看以下的範例：

```
public static void main(String[] args) {
    int i = 0;
    for ( System.out.println("Brad"); i<10; System.out.println
    ("--- 我是分隔線 ---")) {
        System.out.println(i);
        i++;
    }
}
```

- 第一次進入迴圈結構，印出 "brad"

- 判斷 i 值是否小於 10

- 執行程式區塊，印出 i 值，進行 i 值累加 1

- 每次執行區塊後，印出 "--- 我是分隔線 ---"

如此就可以清楚看到 for 迴圈的彈性運用之處。

以下為經典範例練習：九九乘法表，以小時候背誦的墊板格式來處理。

```
for (int z=0; z<2; z++) {
    for (int y=1; y<=9; y++) {
        for (int x = 2; x<=5; x++) {
            int newx = x + z*4;
            int r = newx * y;
            System.out.print(newx + " x " + y + " = " + r + "\t");
        }
        System.out.println();
    }
    System.out.println("----");
}
```

結果如下：

```
2 x 1 = 2    3 x 1 = 3    4 x 1 = 4    5 x 1 = 5
2 x 2 = 4    3 x 2 = 6    4 x 2 = 8    5 x 2 = 10
2 x 3 = 6    3 x 3 = 9    4 x 3 = 12   5 x 3 = 15
2 x 4 = 8    3 x 4 = 12   4 x 4 = 16   5 x 4 = 20
2 x 5 = 10   3 x 5 = 15   4 x 5 = 20   5 x 5 = 25
2 x 6 = 12   3 x 6 = 18   4 x 6 = 24   5 x 6 = 30
2 x 7 = 14   3 x 7 = 21   4 x 7 = 28   5 x 7 = 35
2 x 8 = 16   3 x 8 = 24   4 x 8 = 32   5 x 8 = 40
2 x 9 = 18   3 x 9 = 27   4 x 9 = 36   5 x 9 = 45
----
6 x 1 = 6    7 x 1 = 7    8 x 1 = 8    9 x 1 = 9
6 x 2 = 12   7 x 2 = 14   8 x 2 = 16   9 x 2 = 18
6 x 3 = 18   7 x 3 = 21   8 x 3 = 24   9 x 3 = 27
6 x 4 = 24   7 x 4 = 28   8 x 4 = 32   9 x 4 = 36
6 x 5 = 30   7 x 5 = 35   8 x 5 = 40   9 x 5 = 45
6 x 6 = 36   7 x 6 = 42   8 x 6 = 48   9 x 6 = 54
6 x 7 = 42   7 x 7 = 49   8 x 7 = 56   9 x 7 = 63
6 x 8 = 48   7 x 8 = 56   8 x 8 = 64   9 x 8 = 72
6 x 9 = 54   7 x 9 = 63   8 x 9 = 72   9 x 9 = 81
----
```

while 迴圈

必須先符合條件判斷式才能執行程式區塊，直到不符合條件判斷式為止，才會終止執行的程式區塊。

➤ 格式：

```
while ( 條件判斷式 ){
// 程式區塊
}
```

➤ 執行程序：

1. 判斷是否符合條件判斷式

    a. true: 執行程式區塊

    b. false: 脫離迴圈

2. 再回到步驟 1.

範例：計算 1 + 2 + ... + 100 = ？

```
public static void main(String[] args) {
    int i = 0;
    int sum = 0;
    while (i<=100) {
        sum += i++;
    }
    System.out.println(sum);
}
```

do...while 迴圈

無論如何都先執行一次程式區塊，再進行條件判斷式比對，符合條件判斷式就再度執行程式區塊，否則脫離迴圈。

➤ 格式：

```
do {
// 程式區塊
} while ( 條件判斷式 );
```

do...while 迴圈與 while 迴圈最大的不同點就是至少執行一次，而 while 迴圈可能一次都不會執行。

陣列

可以用來處理多個相同性質的變數，而且具有順序性的資料。

宣告格式：

```
型別 [] 陣列物件變數 ;
型別 陣列物件變數 [];
```

初始化陣列

```
陣列物件變數 = new 型別 [ 元素個數 ];
```

◆ 一但初始化陣列元素個數的陣列物件之後，就無法增減元素個數。

◆ 元素個數的範圍在 int 型態的範圍內，且不可以負數。

◆ 可以陣列物件變數 .length 來取得其元素個數。

以下範例模擬擲骰子 100 次之後，統計各點出現的次數。

如果沒有以陣列來處理，將會是：

```
public static void main(String[] args) {
    int p1, p2, p3, p4, p5, p6;
    p1 = p2 = p3 = p4= p5= p6 =0;
    for (int i=0; i<100; i++) {
        int point = (int)(Math.random()*6) + 1; // 1 - 6
        switch (point) {
        case 1: p1++; break;
        case 2: p2++; break;
        case 3: p3++; break;
        case 4: p4++; break;
        case 5: p5++; break;
        case 6: p6++; break;
        }

    }

    System.out.println("1 點出現 " + p1 + " 次 ");
    System.out.println("2 點出現 " + p2 + " 次 ");
    System.out.println("3 點出現 " + p3 + " 次 ");
    System.out.println("4 點出現 " + p4 + " 次 ");
    System.out.println("5 點出現 " + p5 + " 次 ");
    System.out.println("6 點出現 " + p6 + " 次 ");

}
```

以陣列處理，將會非常簡潔。

```
public static void main(String[] args) {
    int[] p = new int[6];   // [0-5]
    for (int i=0; i<100; i++) {
        int point = (int)(Math.random()*6) ;   // 0 - 5
        p[point]++;
    }
```

陣列

```
    for (int i=0; i<p.length; i++) {
        System.out.println((i+1) +"點出現 " + p[i] + " 次");
    }
}
```

甚至於還可輕易處理有作弊的骰子。

```
public static void main(String[] args) {
    int[] p = new int[6];    // [0-5]
    for (int i=0; i<1000000; i++) {
        int point = (int)(Math.random()*9) ;// 0 - 8 => 0 - 5, 6,7,8
        p[point>=6?point-3:point]++;
    }
    for (int i=0; i<p.length; i++) {
        System.out.println((i+1) +"點出現 " + p[i] + " 次");
    }
}
```

而二維以上的陣列，永遠都以一維陣列來看待處理，也就是說一維陣列元素也是一個一維陣列。

以下為一個充分運用陣列處理的洗牌程式，並發給四個玩家，各家有 13 張牌，為一個二維陣列，再將各家的牌進行理牌攤牌處理。

➤ 洗牌部分：

```
// 洗牌 => poker[]
long start = System.currentTimeMillis();
int[] poker = new int[52];    // 0, 0, ... 0
for (int i=0; i<poker.length; i++) poker[i] = i;

for (int i=0; i<poker.length; i++) {
    int pos = (int)(Math.random()*(poker.length-i));    // 0 - 5

    // swap
    int temp = poker[pos];
    poker[pos] = poker[poker.length-i-1]; // ?
    poker[poker.length-i-1] = temp;

}
```

➤ 發牌：

```
// 發牌 => players[4][13]
int[][] players = new int[4][13];
for (int i=0; i<poker.length; i++) {
    players[i%4][i/4] = poker[i];
}
```

➤ 理牌及攤牌：

```
// 攤牌 => for-each => 理牌
String[] suits = {"黑桃","紅心","方塊","梅花",};
String[] values = {"A ","2 ","3 ","4 ","5 ","6 ","7 ",
        "8 ","9 ","10","J ","Q ","K "};
for (int[] player : players) {
    Arrays.sort(player);
    for (int card : player) {
        System.out.print(suits[card/13] + values[card%13] + " ");
    }
    System.out.println();
}
```

➤ 結果如下：（每次執行都不一定相同）

```
黑桃 3  黑桃 J  紅心 2  紅心 9  紅心 K  方塊 8  方塊 9  方塊 K  梅花 4  梅花 5  梅花 7  梅花 9  梅花 10
黑桃 A  黑桃 4  黑桃 5  黑桃 K  紅心 6  紅心 10 方塊 4  方塊 6  方塊 7  方塊 10 梅花 A  梅花 2  梅花 3
黑桃 2  黑桃 7  黑桃 9  黑桃 10 紅心 4  紅心 5  紅心 8  方塊 2  方塊 J  方塊 Q  梅花 8  梅花 J  梅花 K
黑桃 6  黑桃 8  黑桃 Q  紅心 A  紅心 3  紅心 7  紅心 J  紅心 Q  方塊 A  方塊 3  方塊 5  梅花 6  梅花 Q
```

物件導向觀念

物件導向程式設計的觀念是將程式中所有構成的元素皆以物件來架構，甚至於
包含具體與抽象的概念，例如一個視窗文字編輯器，可能就是一個視窗物件，
而其中包含了數個按鈕物件，以及一個處理文字資料的物件，當按下特定的按
鈕物件，將會觸發事件物件進行處理。

類別定義

類別是用來定義出物件的屬性及方法。

以下定義出一個腳踏車類別，有一個速度的屬性，並搭配加速減速及檢視當前速度的方法。

```java
public class Bike {
    double speed;

    void upSpeed(){
        speed = (speed<1)?1:(speed*1.2);
    }
    void upSpeed(int gear){
        speed = (speed<1)?1:(speed*(1.2+gear));
    }
    void downSpeed(){
        speed *= 0.7;
    }
    double getSpeed(){
        return speed;
    }
}
```

重點

- 一個 Java 原始檔案中可以有多個類別的定義。

- 一個 Java 原始檔案，最多只能有一個宣告為 public 的類別，其檔案名必須與類別名稱一樣，大小寫嚴格區分。

- 一個 Java 原始檔案中，可以沒有 public 的類別。

- 屬性及方法，通稱之為物件的成員。

- 物件屬性宣告的方式與變數相同，不同的是屬性具有存取修飾字，區域變數則沒有，存取修飾字如下：（依照存取範圍由大至小）

  - public：全部都可以存取

  - protected：相同 Package 或是繼承的子類別可以存取

  - < 沒有存取修飾字 >：相同的 Package 可以存取

  - private：本類別可以存取

- 基本型別的屬性，在宣告的同時沒有給值，將會有預設值。如下：

  - byte：0
  - short：0
  - int：0
  - long：0

  - float: 0.0
  - double：0.0
  - char：0
  - boolean：false

- 物件方法的定義方式，也具有存取修飾字，傳回值型別。

- 相同類別中的方法名稱可以相同，但是其傳遞參數不可以相同，此為 Overload 覆載的特性。

建立物件

與一般變數的宣告方式一樣，宣告一個物件變數為特定的類別，例如上例中的 Bike。

```
public static void main(String[] args) {
    Bike bike1 = new Bike();
    Bike bike2;
    bike2 = new Bike();
}
```

繼承

所有 Java 的類別定義最上層為 java.lang.Object，所有的類別都在 Object 類別之下，因此，繼承關係在 Java 中是先天就存在的，而且是單一繼承，只能有一個父類別。

以 Java API 中的 javax.swing.JFrame 來看，將會看到以下的架構關係。

```
OVERVIEW  PACKAGE   CLASS   USE  TREE  DEPRECATED  INDEX  HELP

PREV CLASS  NEXT CLASS        FRAMES   NO FRAMES
SUMMARY: NESTED | FIELD | CONSTR | METHOD   DETAIL: FIELD | CONSTR | METHOD

javax.swing
Class JFrame

java.lang.Object
    java.awt.Component
        java.awt.Container
            java.awt.Window
                java.awt.Frame
                    javax.swing.JFrame

All Implemented Interfaces:
ImageObserver, MenuContainer, Serializable, Accessible, RootPaneContainer, WindowConstants
```

在定義類別中，如果沒有定義 extends 時，則預設以 Object 為父類別，否則將會如下例中，定義 Scooter 來繼承 Bike。

```
public class Scooter extends Bike {

}
```

繼承是物件導向觀念，而表現在 extends 的關鍵字中，事實上就是子類別將要以父類別為基礎，進行發揚光大的處理程序。因此，以下的觀念將會以發揚光大為中心思考方式出發。

原本定義在 Bike 中的屬性及方法，只要是在存取修飾字的範圍內，子類別的 Scooter 都可以直接延續使用。如以上述的 Scooter 而言，則完全與原來的 Bike 沒有兩樣，意義不大。將會進一步進行定義其他的屬性及方法，來達到發揚光大的目的。

另一方面，如果要調整原來父類別的方法，也就是說方法名稱一樣，傳遞參數也一樣，而是在實作的內容上有所不同，則稱之為覆寫 Override，需注意以下幾點：

◆ 傳回值型別

　● 父類別中定義為基本型別或是 void，子類別則必須完全一樣

- 父類別中定義為物件型別，則子類別中定義的傳回值必須是該物件類別，或是該傳回值類別之子類別。也就是說傳回值也要發揚光大

- 存取修飾字要與父類別相同，或是比父類別更大範圍的存取修飾字

抽象類別

無法直接建構物件實體的類別，要由繼承的子類別來實現。

當類別定義中含有一個以上，沒有定義實作的 abstract 抽象方法，就必須宣告為抽象 abstract 類別。

```
public class Brad27 {
    public static void main(String[] args) {
        Brad271 b1 = new Brad272();
        Brad271 b2 = new Brad273();
        b1.m2();
        b2.m2();
    }
}
abstract class Brad271 {
    Brad271(){System.out.println("Brad271()");}
    void m1(){System.out.println("Brad271:m1()");}
    abstract void m2();
}
class Brad272 extends Brad271 {
    void m2(){System.out.println("Brad272:m2()");}
}
class Brad273 extends Brad271 {
    void m2(){System.out.println("Brad273:m2()");}
}
abstract class Brad274 extends Brad271 {
    void m3(){}
    abstract void m4();
}
abstract class Brad275 {
    void m1(){}
}
```

建構子

物件可透過類別中所定義的建構子，對於物件實體進行初始化的設定。例如：

```
Bike(){

}
Bike(double speed){
    this.speed = speed;
}
```

提供兩個建構子，一個沒有傳遞參數，另一個則傳遞 double 型別的參數。

重點

◆ 類別中沒有定義任何建構子，則將在編譯時期以父類別之無傳參數建構子為
唯一建構子。

◆ 上述中，若父類別沒有無傳參數建構子，則子類別必須定義自己的建構子。

◆ 定義自己的建構子之後，就不會使用父類別的任何建構子。

◆ 建構子中的第一道敘述句一定是 super() 或是 this()，如果沒有寫，則隱含為
super()，也就是呼叫父類別的建構子或是本類別其他建構子。

以下為撰寫一個視窗程式，以繼承觀念實現。

```
Brad24.java
public class Brad24 extends JFrame{
    private JButton open, save, exit;

    Brad24(){
        // super();
        super("視窗程式");
        setLayout(new BorderLayout());

        open = new JButton("Open");
        save = new JButton("Save");
        exit = new JButton("Exit");

        JPanel top = new JPanel(new FlowLayout());
        top.add(open); top.add(save); top.add(exit);

        add(top, BorderLayout.NORTH);

        setSize(640, 480);
        setVisible(true);
        setDefaultCloseOperation(EXIT_ON_CLOSE);
    }
```

```
    public static void main(String[] args) {
        new Brad24();
    }

}
```

字串

字串的使用是在一般應用程式中,使用上相當廣泛的。在 Java 中視其為物件型別,其父類別為 Object。也定義了許多的建構子,如下:

Constructor Summary

Constructors

Constructor and Description

`String()`
Initializes a newly created String object so that it represents an empty character sequence.

`String(byte[] bytes)`
Constructs a new String by decoding the specified array of bytes using the platform's default charset.

`String(byte[] bytes, Charset charset)`
Constructs a new String by decoding the specified array of bytes using the specified **charset**.

`String(byte[] ascii, int hibyte)`
Deprecated.
This method does not properly convert bytes into characters. As of JDK 1.1, the preferred way to do this is via the String constructors that take a **Charset**, charset name, or that use the platform's default charset.

`String(byte[] bytes, int offset, int length)`
Constructs a new String by decoding the specified subarray of bytes using the platform's default charset.

`String(byte[] bytes, int offset, int length, Charset charset)`
Constructs a new String by decoding the specified subarray of bytes using the specified **charset**.

`String(byte[] ascii, int hibyte, int offset, int count)`
Deprecated.
This method does not properly convert bytes into characters. As of JDK 1.1, the preferred way to do this is via the String constructors that take a **Charset**, charset name, or that use the platform's default charset.

`String(byte[] bytes, int offset, int length, String charsetName)`
Constructs a new String by decoding the specified subarray of bytes using the specified charset.

`String(byte[] bytes, String charsetName)`
Constructs a new String by decoding the specified array of bytes using the specified **charset**.

`String(char[] value)`
Allocates a new String so that it represents the sequence of characters currently contained in the character array argument.

`String(char[] value, int offset, int count)`
Allocates a new String that contains characters from a subarray of the character array argument.

`String(int[] codePoints, int offset, int count)`

但是,在 Java 中只要是以雙引號刮起來的部分皆為一個字串物件實體。該物件實體並非由開發者以 new 關鍵字進行建構,而是在 JVM 中在記憶替中配置了 String Pool,產生該物件實體。

以下練習實作一個身分證字號的自訂類別，運用字串物件的處理。

```java
package tw.org.iii;

public class TWId extends Object{
    private String id;
    static String letters = "ABCDEFGHJKLMNPQRSTUVXYWZIO";
    TWId(){
        this((int)(Math.random()*2)==0);
    }
    TWId(boolean isFemale){
        this(isFemale, (int)(Math.random()*26));
    }
    TWId(int area){
        this((int)(Math.random()*2)==0,area);
    }
    TWId(boolean isFemale, int area){
        // super();
        char f0 = letters.charAt(area);
        char f1 = isFemale?'2':'1';
        StringBuffer sb = new StringBuffer("" + f0 + f1);
        for (int i=0; i<7; i++){
            sb.append((int)(Math.random()*10));
        }
        for (int i=0; i<10; i++){
            if (isCheckOK(sb.toString() + i)){
                id = sb.append(i).toString();
                break;
            }
        }
    }

    private TWId(String id){
        this.id = id;
    }

    static TWId createTWId(String id) {
        if (isCheckOK(id)) {
            return new TWId(id);
        }else {
            return null;
        }
    }

    // true => female; false => male
    boolean isFemale(){
```

```
          char gender = id.charAt(1); // A123456789 => '1'
          return gender=='2';
     }

     // 檢查及驗證
     static boolean isCheckOK(String id){
          if (!id.matches("^[A-Z][12][0-9]{8}$")) return false;

          char f0 = id.charAt(0);
          int n12 = letters.indexOf(f0) + 10;     // 'Y' => 21 + 10 = 31
          int n1 = n12 / 10;
          int n2 = n12 % 10;
          int n3 = Integer.parseInt(id.substring(1, 2));
          int n4 = Integer.parseInt(id.substring(2, 3));
          int n5 = Integer.parseInt(id.substring(3, 4));
          int n6 = Integer.parseInt(id.substring(4, 5));
          int n7 = Integer.parseInt(id.substring(5, 6));
          int n8 = Integer.parseInt(id.substring(6, 7));
          int n9 = Integer.parseInt(id.substring(7, 8));
          int n10 = Integer.parseInt(id.substring(8, 9));
          int n11 = Integer.parseInt(id.substring(9, 10));
          int sum = n1*1 + n2*9 + n3*8 + n4*7 + n5*6 + n6*5 +
                     n7*4 + n8*3 + n9*2 + n10*1 + n11*1;
          return sum%10==0;
     }

     String getId(){
          return id;
     }
}
```

重點

- 提供 static 檢查身分證字號的方法 isCheckOK(String id)。

- 有四個公開的建構子，可以隨機產生身份字號的物件實體。

- 但是商業邏輯只寫在參數最多的建構子中，其他則以呼叫處理，增加維護性。

- 另外有一個 private 的建構子，依照指定的字串建構，但是如果直接公開 public 提供，將有可能發生雖然存在身分證物件實體，但是卻沒有通過驗證。

- 因此，提供一個 static 的 createTWId() 方法由內部先進行檢查之後，如果正確則建構出物件實體，如果不正確則傳回 null。

再來看看以 String 應用在一般的應用程式，撰寫一個猜數字遊戲。

```java
package tw.brad.java.example;

import javax.swing.JOptionPane;

public class Brad23 {
    public static void main(String[] args) {
        // 產生謎底
        String answer = createAnswer(3);
        //System.out.println(answer);

        boolean isWINNER = false;
        for (int i=0; i<10; i++) {
            String guess = JOptionPane.showInputDialog("Input a
            number");
            String result = checkAB(answer, guess);
            JOptionPane.showMessageDialog(null, result);

            if (result.equals("3A0B")) {
                JOptionPane.showMessageDialog(null, "WINNER");
                isWINNER = true;
                break;
            }
        }

        if (!isWINNER) {
            JOptionPane.showMessageDialog(null, "Loser");
        }


    }

    static String checkAB(String a, String g) {
        int A, B; A = B = 0;
        for (int i=0; i<g.length(); i++) {
            char gc = g.charAt(i);
            if (gc == a.charAt(i)) {
                A++;
            }else if (a.indexOf(gc)>=0) {
                B++;
            }
        }

        return A + "A" + B + "B";
    }
```

```java
static String createAnswer(int d) {
    int[] poker = new int[10];    // 0, 0, ... 0
    for (int i=0; i<poker.length; i++) poker[i] = i;

    for (int i=0; i<poker.length; i++) {
        int pos = (int)(Math.random()*(poker.length-i));    // 0 - 5

        // swap
        int temp = poker[pos];
        poker[pos] = poker[poker.length-i-1];    // ?
        poker[poker.length-i-1] = temp;

    }

    String ret = "";
    for (int i=0; i<d; i++) {
        ret += poker[i];
    }
    return ret;
}

}
```

執行結果如下圖例：

```java
1  package tw.brad.java.example;
2
3  import javax.swing.JOptionPane;
4
5  public class Brad23 {
6      public static void main(String[] args) {
7          // 產生謎底
8          String            createAnswer(2);
9          //Syst
10
11         boolea
12         for (i
13             St                              alog("Input a number");
14             St
15             JOptionPane.showMessageDialog(null, result);
16
17         if (result.equals("3A0B")) {
```

輸入

Input a number

123

取消   確定

Problems Javadoc Declaration Console ✕ History

Brad23 [Java Application] /Library/Java/JavaVirtualMachines/jdk1.8.0_66.jdk/Contents/Home/bin/java (2017年10月30日 上午10:39:06)

字串

```
 1 package tw.brad.java.example;
 2
 3 import javax.swing.JOptionPane;
 4
 5 public class Brad23 {
 6     public static void main(String[] args) {
 7         // 產生謎底
 8         String answer
 9         //System.out.p
10
11         boolean isWINN
12         for (int i=0;
13             String gue                    utDialog("Input a number");
14             String result = checkAB(answer, guess);
15             JOptionPane.showMessageDialog(null, result);
16
17             if (result.equals("3A0B")) {
```

訊息

0A0B

確定

Problems @ Javadoc 🖳 Declaration 🖳 Console ⊠ 🖳 History

Brad23 [Java Application] /Library/Java/JavaVirtualMachines/jdk1.8.0_66.jdk/Contents/Home/bin/java (2017年10月30日 上午10:39:06)

重點

- 字串內容的比對要以 equals() 方法進行

- 字串可以相加運算

- charAt(index) 將會回傳字串在指定 index 位置的字元

- indexOf(char) 將會比對參數字元，回傳在該字元在字串物件中的位置 index

多型

車子在一般的觀念中是很抽象的，可能是跑車，貨車或是公車，而跑車、貨車或是公車就是車子的多型表現，以一般應用程式看，按鈕也是如此，確認按鈕、選單按鈕或是切換狀態的按鈕都是按鈕的多型表現。

在 Java 中實現多型的方式是以繼承關係以及實作介面方式處理。

介面的特性如下

- 存取修飾字一定為 public，即使沒有註明，也是 public。

- 所有的方法皆為 public，abstract，也都不需要註明。

- 所有方法都沒有實作。

- 實作 implements 介面的類別必須實作所有介面定義的方法，否則必須宣告為抽象類別。

下例中，定義一個形狀 shape 的介面，只要是形狀就一定具有計算周長及面積的方法。

```java
package tw.org.iii;
public class Brad39 {
    public static void main(String[] args) {
        TriShape s1 = new TriShape(3, 4, 5, 4);
        SquShape s2 = new SquShape(4);
        m1(s2);
        s1.isTriShape();
    }
    static void m1(Shape s){
        System.out.println(s.calArea());
    }
}
interface Shape {
    double calLength();
    double calArea();
}
// 三角形
class TriShape implements Shape {
    private double s1, s2, s3, h1;
    TriShape(double s1, double s2, double s3, double h1){
        this.s1=s1;this.s2=s2;this.s3=s3;this.h1=h1;
    }
    public double calLength(){
        return s1+s2+s3;
    }
    public double calArea(){
        return s1*h1/2;
    }
    public boolean isTriShape(){
        return true;
    }
}
// 正方形
class SquShape implements Shape {
    private double s;
    SquShape(double s){
        this.s=s;
    }
    public double calLength(){
        return s*4;
    }
    public double calArea(){
        return s*s;
    }
}
```

Exception 例外

當程式運作中發生無法預期的狀況，就稱為例外或是異常。在 Java 中視為 Exception 物件，是定義在 java.lang.Exception 中，其父類別為 java.lang.Throwable。

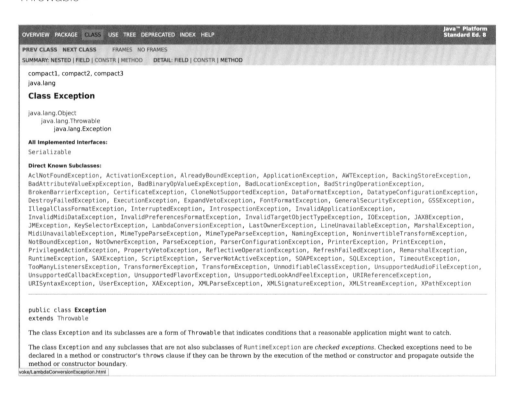

其中的子類別 RuntimerException 是只會發生在執行期間，其他的 Exception 則必須在開發期間以 try...catch... 敘述句進行處理。

以下是 RuntimeException 的狀況發生。

```
public class Brad44 {
    public static void main(String[] args) {
        int a = 10, b = 0;
        int[] c = {1,2,3,4};
        try{
            System.out.println(a / b);
            System.out.println(c[4]);
            System.out.println("OK");
        }catch(ArithmeticException ae){
```

```
            System.out.println("87");
        }catch(ArrayIndexOutOfBoundsException ee){
            System.out.println("XX");
        }catch (RuntimeException re){
            System.out.println("OK");
        }
        System.out.println("Hello, World");
    }
}
```

重點

- 因為只會發生 RuntimeException，則可以不需要 try...catch... 敘述句

- 但是也可以進行預防性的 try...catch... 處理架構

- 10 / 3 將會發生 ArithmeticException

- c[4] 將會發生 ArrayIndexOutOfBoundsException

- ArithmeticException 與 ArrayIndexOutOfBoundsException 皆 為 RuntimeException 的子類別，所以在 try...catch... 的 catch 敘述句，必須放在後面

以下實作非 RuntimeException 的範例：

```
public class Brad45 {
    public static void main(String[] args) {
        Bird b1 = new Bird();
        int n = 4;
        try{
            b1.setLeg(n);
//      }catch(MyException ee){
//          System.out.println(ee.toString());
//      }catch(MyException2 ee){
//          System.out.println(ee.toString());
        }catch(Exception ee){

        }
        System.out.println("End");
    }
}
class Bird {
    private int leg;
    //void setLeg(int n) throws MyException, MyException2 {
```

```
        void setLeg(int n) throws Exception {
            if (n>2){
                throw new MyException2();
            }else if (n<0){
                throw new MyException();
            }
            leg = n;
        }
}
class MyException extends Exception {
    @Override
    public String toString() {
        return "哪有欠人家腳的 ??";
    }
}
class MyException2 extends Exception {
    @Override
    public String toString() {
        return "變種鳥嗎 ??";
    }
}
```

Collection 資料結構

在開發應用程式時，經常會運用的資料結構來處理有關係的資料內容。而這樣
的演算法較為複雜，但是 Java API 中已經具有相當豐富的工具類別來處理，大
多放在 java.util 的 Package 下。

先來了解 java.util.Collection 的介面。Collection 定義了存放物件資料的架構。
之下有兩大子介面 Set 與 List，Set 定義存放物件的方法是沒有順序性的，而且
不會重複；List 則是有順序性，可以重複的特性。

掌握資料結構的特性，就是重點。假設想要產生不重複的樂透號碼，就將會使
用 Set 來處理。

```
public class MyLottery {
    public static void main(String[] args) {
        HashSet<Integer> lottery = new HashSet<>();
        while (lottery.size()<6) {
            lottery.add((int)(Math.random()*49+1));
        }
        System.out.println(lottery);
```

```
        }
}
```

如果想要將資料進行排序，而只需要將 HashSet 改為 TreeSet 就可以。

```
public class MyLottery {
    public static void main(String[] args) {
        TreeSet<Integer> lottery = new TreeSet<>();
        while (lottery.size()<6) {
            lottery.add((int)(Math.random()*49+1));
        }
        System.out.println(lottery);
    }
}
```

注意一點，排序（sort）與順序性（order）是不一樣的。

而 Map 介面則又是另一種資料結構，呈現的是 Key-Value 的特性。

以下範例結合 List 與 Map 的資料結構，表現出一個用滑鼠來簽名的應用程式。

先開發處理簽名板，運用資料結構的 LinkedList，並宣告其內容元素為 HashMap。用來表現出要畫出的多條線，以及每一條線中的每個點元素。

```
package tw.org.iii.javatest;

import javax.swing.*;
import java.awt.*;
import java.awt.event.MouseAdapter;
import java.awt.event.MouseEvent;
import java.awt.event.MouseMotionListener;
import java.util.HashMap;
import java.util.LinkedList;

public class MyPanel extends JPanel {
    private LinkedList<LinkedList<HashMap<String,Integer>>> lines,
    recycle;

    public MyPanel(){
        MyMouseListener myMouseListener = new MyMouseListener();
        addMouseMotionListener(myMouseListener);
        addMouseListener(myMouseListener);
        lines = new LinkedList<>();
        recycle = new LinkedList<>();
```

```
    }
    @Override
    protected void paintComponent(Graphics g) {
        super.paintComponent(g);
        Graphics2D g2d = (Graphics2D)g;
        setBackground(Color.BLACK);
        g2d.setColor(Color.YELLOW);
        g2d.setStroke(new BasicStroke(2));

        for (LinkedList<HashMap<String,Integer>> line : lines){
            // line(4) => 0-1, 1-2, 2-3
            for (int i=1; i<line.size(); i++){
                HashMap<String,Integer> p0 = line.get(i-1);
                HashMap<String,Integer> p1 = line.get(i);
                g2d.drawLine(p0.get("x"), p0.get("y"),
                        p1.get("x"), p1.get("y"));
            }
        }
    }

    private class MyMouseListener extends MouseAdapter {
        @Override
        public void mousePressed(MouseEvent e) {
            LinkedList<HashMap<String,Integer>> line = new LinkedList<>();
            int x = e.getX(); int y = e.getY();
            HashMap<String,Integer> point = new HashMap<>();
            point.put("x", x); point.put("y", y);
            line.add(point);
            lines.add(line);
        }

        @Override
        public void mouseDragged(MouseEvent e) {
            int x = e.getX(); int y = e.getY();
            HashMap<String,Integer> point = new HashMap<>();
            point.put("x", x); point.put("y", y);
            lines.getLast().add(point);
            repaint();
        }
    }

    void clear(){
        lines.clear();
        repaint();
    }
```

```
    void undo(){
        if (lines.size()>0) {
            recycle.add(lines.removeLast());
            repaint();
        }
    }
    void redo(){
        if (recycle.size()>0) {
            lines.add(recycle.removeLast());
            repaint();
        }
    }

}
```

開發可以執行運用的視窗程式。

```
package tw.org.iii.javatest;

import javax.swing.*;
import java.awt.*;
import java.awt.event.ActionEvent;
import java.awt.event.ActionListener;

public class MyPainter extends JFrame {
    private JButton clear, undo, redo;
    private MyPanel myPanel;

    public MyPainter(){
        super("簽名板");
        setLayout(new BorderLayout());

        JPanel top = new JPanel(new FlowLayout());
        clear = new JButton("Clear");
        undo = new JButton("Undo");
        redo = new JButton("Redo");
        top.add(clear); top.add(undo); top.add(redo);
        add(top, BorderLayout.NORTH);

        myPanel = new MyPanel();
        add(myPanel, BorderLayout.CENTER);

        clear.addActionListener(new ActionListener() {
            @Override
            public void actionPerformed(ActionEvent e) {
                myPanel.clear();
```

```
            }
        });

        undo.addActionListener(new ActionListener() {
            @Override
            public void actionPerformed(ActionEvent e) {
                myPanel.undo();
            }
        });
        redo.addActionListener(new ActionListener() {
            @Override
            public void actionPerformed(ActionEvent e) {
                myPanel.redo();
            }
        });

        setSize(800, 600);
        setVisible(true);
        setDefaultCloseOperation(EXIT_ON_CLOSE);

    }
    public static void main(String[] args){
        new MyPainter();
    }
}
```

執行看看囉。

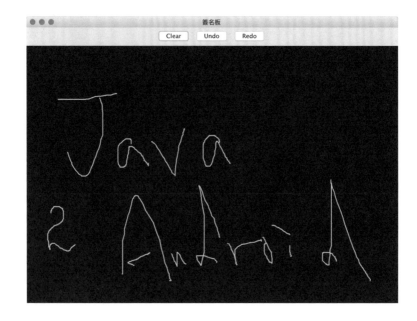

1

開發環境安裝與建立新專案

安裝 Android Studio

開發流程

建立新專案

Hello, World

簡單開發專案

安裝 Android Studio

安裝 Android Studio 是開發 Android App 的整合開發環境，安裝方式非常容易。先到官方網站進行下載。

網址為：https://developer.android.com/studio/index.html

下載之後，開啟執行安裝程式即可導引開發者安裝在所使用的作業系統上面。

執行後出現以下的歡迎畫面。

開發流程

一般性的 Android app 開發流程，不外乎以下基本的程序：

1. 建立新專案

2. 撰寫程式碼

3. 編譯及執行專案

4. 除錯測試

5. 發布

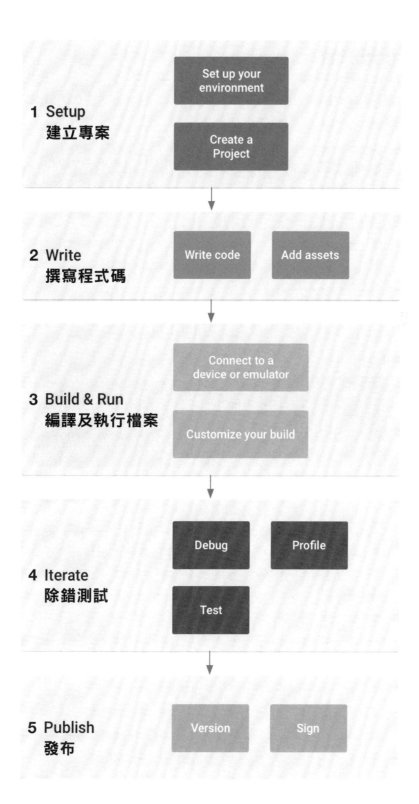

建立新專案

在歡迎畫面下，點按 Start a new Android Studio project，將會開始進入導引建立專案的畫面。

在「Application name」中輸入自訂專案名稱，而在「Company Domain」中輸入專案開發所屬的公司組織或是個人網域，將會被用來組合成為 Package name。該欄位的資料內容關係到 app 安裝到使用者行動裝置上面的路徑，而以 Company Damain 是一般慣用的方式，較能避免 Package name 在使用者端上面的 app 衝突。

下一步，將要為專案的開發目標裝置做設定，選擇適用的最低版本。當然，選擇越低版本數，將使該專案適用的裝置較多，但是相對的無法使用較新版本 API 所支援的功能。

接著新增一個 Activity，Activity 是 Android App 中負責處理使用者 UI/UX 的基本
元件。大多數的專案中，至少會有一個以上的 Activity。 而通常在一開始的學習
階段，建議使用 Empty Activity。

再來為剛剛所設定建立的 Activity 進行基本的組態設定。

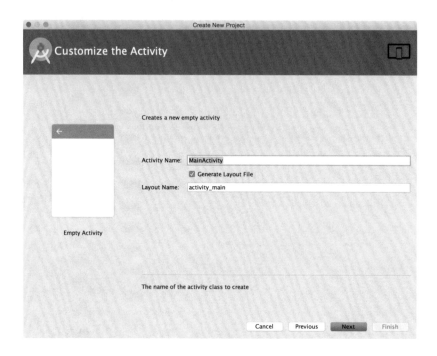

「Activity Name」中輸入自訂 Activity 的類別名稱，大小寫嚴格區分，慣例為首字大寫。不可以有特殊符號字元或是空白字元。勾選「Generate Layout File」，將會連其搭配的版面配置檔案一併產生，並設定檔案配置的名稱在「Layout Name」的欄位中，命名原則與 Java 程式語言的變數名稱相同。

```
[a-zA-Z$_][a-zA-Z0-9$_]*
```

第一個字元只能是 a-z、A-Z、$、_，第二個字元之後，可以多了數字 0-9。

稍候一下，進入到專案開發的畫面。

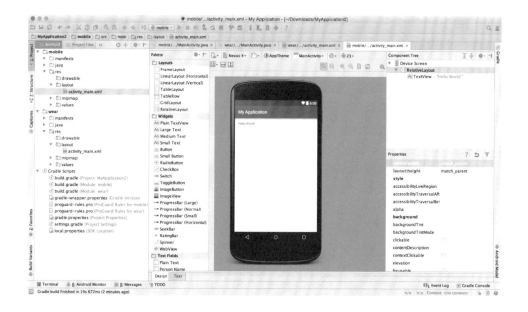

Hello, World

此時完全不需要撰寫程式，直接執行專案。選擇「Select Deployment Target」要執行的裝置。如果尚未有任何選項，則可以點選「Create New Virtual Device」建立一個新的模擬器。

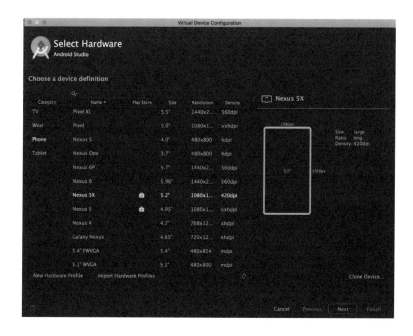

在左邊的 Category 中分成四類：

- TV：電視
- Phone：手機
- Wear：穿戴裝置
- Tablet：平板

在中間選擇喜好的機種，進入下一步，選擇核心版本，通常使用建議項目即可。

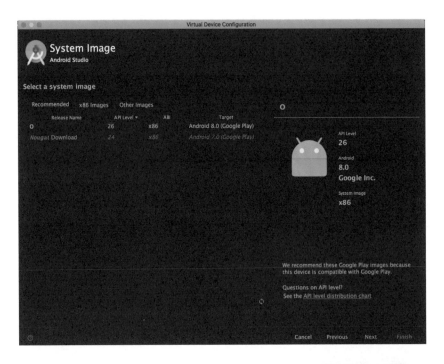

以 Android 8 為例，就是在 Release Name 中開頭為 O 的項目，也就是 API Level 為 26。如果有出現 Download 的連結，則表示尚未下載，應該先點擊 Download 下載後再繼續。

此時稍候一會，將會出現模擬器的開機畫面，並執行進入 Hello, World 的程式了。

簡單開發專案

基本資料：

◆ Application name: Ch01_Lottery

◆ Activity Name: MainActivity

◆ Layout Name: activity_main

程式編輯區中，點擊 activity_main.xml 的頁籤，輸入以下 XML 的版面配置內容。

```xml
<?xml version="1.0" encoding="utf-8"?>
<LinearLayout
    xmlns:android="http://schemas.android.com/apk/res/android"
    xmlns:app="http://schemas.android.com/apk/res-auto"
    xmlns:tools="http://schemas.android.com/tools"
    android:layout_width="match_parent"
    android:layout_height="match_parent"
    tools:context="tw.brad.ch01_lottery.MainActivity"
    android:orientation="vertical"
    >

    <Button
        android:layout_width="match_parent"
        android:layout_height="wrap_content"
        android:text=" 出樂透 "
        android:onClick="createLottery"
        />

    <TextView
        android:id="@+id/lottery"
        android:layout_width="match_parent"
        android:layout_height="wrap_content"
        android:text="Hello World!"
        android:gravity="center_horizontal"
        android:textSize="20sp"
        />

</LinearLayout>
```

再來繼續編輯 MainActivity.java

```java
package tw.brad.ch01_lottery;

import android.os.Bundle;
import android.support.v7.app.AppCompatActivity;
import android.view.View;
import android.widget.TextView;

import java.util.HashSet;

public class MainActivity extends AppCompatActivity {
    private TextView lottery;

    @Override
    protected void onCreate(Bundle savedInstanceState) {
        super.onCreate(savedInstanceState);
        setContentView(R.layout.activity_main);

        lottery = (TextView)findViewById(R.id.lottery);
    }

    public void createLottery(View view){
        HashSet<Integer> set = new HashSet<>();
        while (set.size()<6){
            set.add((int)(Math.random()*49+1));
        }
        lottery.setText(set.toString());
    }
}
```

執行模擬器看看成果。

開發 Android App 就是這麼簡單，準備好開始吧！

2

開發架構基本認識

應用程式開發架構

一個最基本的 Android 專案架構來
看，通常如圖所示：

- App：專案原始碼開發

  - manifests：專案架構清單

  - java：原始碼

  - res：相關資源

- Gradle Scripts：專案建置工具
  腳本相關檔案

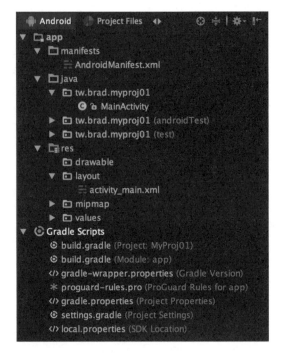

通常一個 Android 專案開發的架構，大多數會先在 app 下之 java 進行原始碼開發任務。假設在一開始的 Package 設定為 tw.brad.myproj01，則展開 java 之後如下圖所示：

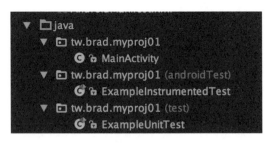

將會有三個類似名稱的資料夾，其中一個後面沒有括號，其下包含了一開始所建立的 MainActivity。該資料夾將會是後續主要開發的原始碼專案目錄。

而整個 Android Studio 的開發者操作介面，預設也將開啟 MainActivity.java 進行編輯任務。

專案開發中，隨時會將目前的開發程式安裝到實體裝置或是模擬器，則按下執行功能：

會出現選擇裝置的對話框，如果已經正常連接實體 Android 裝置，則將會出現該選項：

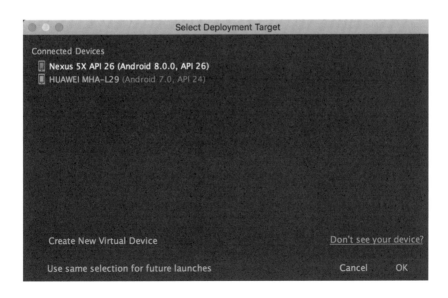

上圖中的 HUAWEI MHA-L29 則為筆者所安裝連結的實體華為手機，而 Nexus 5X API 26 則為模擬器，當選擇了 Nexus 5X API 26 之後：

同時開啟 Android Studio 開發者介面下方的 Android monitor：

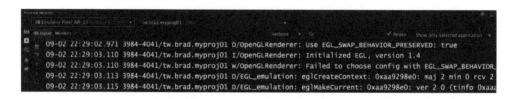

則會向上展開監控畫面：

09-02 22:29:02.971 3984-4041/tw.brad.myproj01 D/OpenGLRenderer: Use EGL_SWAP_BEHAVIOR_PRESERVED: true
09-02 22:29:03.110 3984-4041/tw.brad.myproj01 I/OpenGLRenderer: Initialized EGL, version 1.4
09-02 22:29:03.110 3984-4041/tw.brad.myproj01 W/OpenGLRenderer: Failed to choose config with EGL_SWAP_BEHAVIOR
09-02 22:29:03.113 3984-4041/tw.brad.myproj01 D/EGL_emulation: eglCreateContext: 0xaa9298e0: maj 2 min 0 rcv 2
09-02 22:29:03.115 3984-4041/tw.brad.myproj01 D/EGL_emulation: eglMakeCurrent: 0xaa9298e0: ver 2 0 (tinfo 0xaaa

通常用來檢視目前 app 的實際執行狀況紀錄，以供開發者除錯使用的工具。

App 主要元件

Android 由 4 個主要元件組成，每個元件都是系統連接應用程式的橋梁，但並不是每個元件都需要去操作，有些定義是取決於其他元件，分別是：

➤ Activity（活動）

Activity 是相當重要的元件，代表的就是一個使用者的介面，使用者透過此介面與應用程式互動，通常會是一般 app 專案開發最主要的開發元件。

➤ Service（服務）

服務是在背景執行的元件，用於長期的作業或遠端處理程序，並不會提供使用者介面，可以透過 Activity 啟動並在背景作業，可同時與 Activity 並存，例如：在播放音樂的同時操作其他應用程式，或者是在 Play 商店下載應用程式同時瀏覽其他 Activity。當中的播放音樂和下載應用程式都可以在背景處理，就是所謂的服務。

➤ Content Provider（內容提供者）

內容提供者可管理已分享的應用程式資料，儲存在永久儲存空間上，由於各個應用程式皆在處理自己的程序，如果內容權限允許，可讓其他應用程式查詢或修改自身資料。

➤ Broadcast Receiver（廣播接收器）

廣播接收器是來接收 Android 系統、其他應用程式等訊息，例如：手機螢幕已關閉，電池電量不足等。雖然沒辦法在 Activity 顯示，但是可以在狀態列通知廣播事件。

Intent（意圖）

Intent 的功能在於啟動 Activity、服務與廣播接收器，並在執行階段將元件間連結，也可以用在傳送新任務給其他元件。

Intent 可以幫助 Activity 和 Service 定義要執行的動作，並指定執行目標資料的 URI，例如：使用者挑選聯絡人資料，Intent 會將資料和所選的聯絡人的 URI 回傳給使用者。

Intent 也能幫助 Broadcast Receiver 定義廣播通知的內容，例如：電量不足時，在通知列發出 " 電量不足 " 的已知字串。

架構清單檔案 AndroidManifest.xml

AndroidManifest.xml 是一個在所有 Android 專案都一定要有的檔案，是一個應用程式的說明檔，用來向 Android 系統顯示應用程式基本資訊，這麼一來應用程式才可以被執行，此檔案通常會在開啟新專案時自動產生在【app → manifests → AndroidManifest.xml 】，開發者不用自己去創建，並且在一開始就會把基本架構設定好，而 AndroidManifest.xml 可以執行下列動作：

◆ 為應用程式的 Java 封裝命名，此命名是唯一識別

◆ 描述應用程式組成的元件，透過類別發佈，讓 Android 可以理解元件為何和在哪啟動

◆ 決定應用程式主導的程序

◆ 宣告應用程式有哪些權限，可否存取受保護的 API

◆ 宣告其他項目的權限，才能與應用程式的元件互動

◆ 列出 Instrumentation 類別來分析應用程式的執行

◆ 宣告應用程式要求的最低 API

◆ 列出應用程式連結的資料庫

AndroidManifest.xml 的架構

AndroidManifest.xml 根據不同用途使用不同的標籤來進行應用程式的宣告或屬性設定，所有標籤都包含開頭與結尾，例如 <application> 結尾處會有 </application>，以 "/ 標籤 " 表示這個標籤結束，如果要設定屬性或宣告只要在標籤頭和標籤尾之間處理就好，例如

```
<標籤名稱　設定屬性 =" 屬性值 " ...>
　　　...
</ 標籤名稱 >
```

如果在標籤中間沒有其他標籤的話，可以直接在開頭標籤的結尾使用 " /> " 就
可以讓這個標籤自我了斷，例如

```
<標籤名稱　設定屬性 =" 屬性值 " .../>
```

說完標籤後，就來說說 AndroidManifest.xml 內包含的東西吧！

1 身為一個 XML 檔第一行一定要有 `<?xml version="1.0" encoding="utf-8"?>`，
這行是用來說明這是一個 XML 文件

2 `<manifest>` 和 `<application>` 兩個標籤是必要的元素，而且只能出現一次

- 除了 `<manifest>` 某些屬性外，其他的屬性都是用 android: 為開頭，例如
  `android:label="@string/app_name"`

- `<manifest>` 是此 XML 檔的根元素

3 package 屬性是每個應用程式都要定義的名稱，如果此 APP 要上架到
Google Play 就必須修改成為開發者的網域，反過來之後的字串為首，之後以
小數點進行分類識別，例如一為開發者的網域為 brad.tw，則可能是 tw.brad.
android.apps.travelapp，後面銜接的字串為 android.apps.travelapp 是開發者
自行定義的分類項目

4 `<application>` 是本專案的基本設定，可以在裡面設定 icon、名稱、主題、樣
式 ... 等

5 `<activity>` 標籤可以宣告應用程式畫面的類別

6 `<intent-filter>` 為意圖篩選，用來協助應用程式間交互溝通

```
1  <?xml version="1.0" encoding="utf-8"?>
2  <manifest xmlns:android="http://schemas.android.com/apk/res/android"
3    package="com.example.pc.myapplication">

4  <application
     android:allowBackup="true"
     android:icon="@mipmap/ic_launcher"
     android:label="@string/app_name"
     android:roundIcon="@mipmap/ic_launcher_round"
     android:supportsRtl="true"
     android:theme="@style/AppTheme">
5    <activity android:name=".MainActivity">
6      <intent-filter>
         <action android:name="android.intent.action.MAIN" />
         <category android:name="android.intent.category.LAUNCHER" />
       </intent-filter>
     </activity>
   </application>

   </manifest>
```

3

Activity 運作模式

Activity 生命週期

在應用程式開發領域中的生命週期的觀念，指的是與一般生物的生命過程類似的過程。當一個人從出生開始，就自動地進入到嬰兒時期，而隨著時間的推進，逐步進入到兒童、少年，青年、中年及老年的階段。這樣的演進，並非你我可以任意改變，但是你我都可以規劃在特定的時期，將會進行特定的任務。同樣的道理，在 Android 中的 Activity 也是具有類似的生命週期的觀念，當一個 Activity 被啟動之後，就將會逐步執行 onCreate()、onStart() 以及 onResume() 方法之後，進入到執行時期等等類似的生命週期的觀念。如下圖：

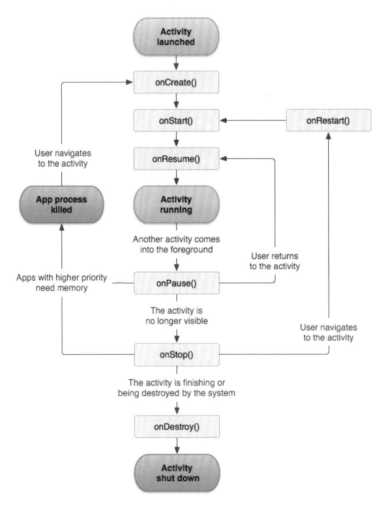

◆ 資料來源
https://developer.android.com/guide/components/activities/activity-lifecycle.html

以單一的 Activity 為範例來詳細了解其生命週期。首先，依照上圖中的矩形圖示開發撰寫 Override；開發過程中，盡量利用 Android Stuido 的提示模式，例如輸入了 onStart 之後，將會出現以下對話框：

```
activity_main.xml      MainActivity.java
MainActivity

public class MainActivity extends AppCompatActivity {

    @Override
    protected void onCreate(Bundle savedInstanceState) {
        super.onCreate(savedInstanceState);
        setContentView(R.layout.activity_main);
    }

    onStart
       protected void onStart    AppCompatActiv...
       public ActionMode onWindowStartingAct...
       public ActionMode onWindowStartingAct...
       public ActionMode onWindowStartingSup...
       public void onActionModeStarted    Activ...
       public void onLocalVoiceInteractionSt...
       public void onSupportActionModeStarted        π
```

此時，選取 protected void onStart ... 項目，自動產生如下結果：

```
activity_main.xml      MainActivity.java
MainActivity onStart()

public class MainActivity extends AppCompatActivity {

    @Override
    protected void onCreate(Bundle savedInstanceState) {
        super.onCreate(savedInstanceState);
        setContentView(R.layout.activity_main);
    }

    @Override
    protected void onStart() {
        super.onStart();
    }
}
```

3-3

如此的好處，可以避免打錯字，也達到提示的效果。

最後，MainActivity.java 程式碼如下：

```java
package tw.brad.myproj01;

import android.support.v7.app.AppCompatActivity;
import android.os.Bundle;
import android.util.Log;

public class MainActivity extends AppCompatActivity {

    @Override
    protected void onCreate(Bundle savedInstanceState) {
        super.onCreate(savedInstanceState);
        setContentView(R.layout.activity_main);
        Log.d("DEBUG","onCreate");
    }

    @Override
    protected void onStart() {
        super.onStart();
        Log.d("DEBUG","onStart");
    }

    @Override
    protected void onResume() {
        super.onResume();
        Log.d("DEBUG","onResume");
    }

    @Override
    protected void onRestart() {
        super.onRestart();
        Log.d("DEBUG","onRestart");
    }

    @Override
    protected void onPause() {
        super.onPause();
        Log.d("DEBUG","onPause");
    }

    @Override
    protected void onStop() {
        super.onStop();
```

```
        Log.d("DEBUG","onStop");
    }

    @Override
    protected void onDestroy() {
        super.onDestroy();
        Log.d("DEBUG","onDestroy");
    }
}
```

在個別的 onXxx() 方法中,分別加上了 Log.d(標籤字串 , 訊息字串); 的敘述句,
用來透過 Android Monitor 來監視當時的現狀,標籤字串通常由開發者自訂即
可,而訊息字串則是用來觀察當時的執行狀況。

再度執行專案到模擬器上面,並將 Android Monitor 視窗開啟,並使其在 Logcat
頁籤模式下,設定 Log 紀錄的過濾器:

配合上述程式開發的需求,填寫以下對話框資料:

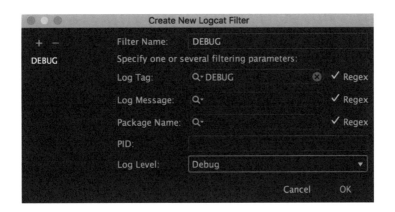

即可隨時觀察 Log 記錄資料。

開始進行觀察 Activity 的生命週期,一開始執行,當看到 Hello,World 在畫面上
的同時,也在 Logcat 中看到下列訊息:

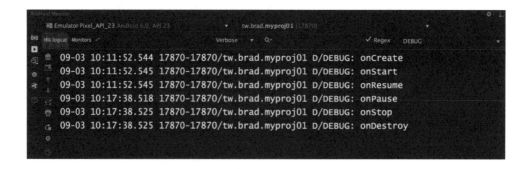

果真如同官方網站的示意圖，一旦 Activity 被啟動之後，程式中並未有任何呼叫 onCreate()，onStart() 以及 onResume() 的處理，卻已經依照順序逐一執行起來，而進入到執行狀態。這就是 Activity 的生命週期的一種表現。

繼續往下做實驗，按下模擬器的 Back 鍵，再度觀察 Logcat 的紀錄，此時，新增三筆資料，如下圖所示：

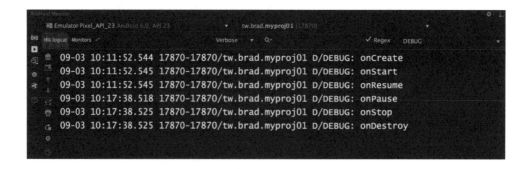

也就是說，當使用者觸發 Back 鍵，Activity 則將會進入到結束的狀態，而這兩個狀態之間的移轉，會逐一執行 onPause()，onStop() 以及 onDestroy() 三個方法。

接下來，回到版面配置 activity_main.xml 增加一個 Button，其目的用來讓使用者可以觸發結束程式使用，類似 Back 按鍵的行為。

```xml
<?xml version="1.0" encoding="utf-8"?>
<LinearLayout
    xmlns:android="http://schemas.android.com/apk/res/android"
    android:layout_width="match_parent"
    android:layout_height="match_parent"
    android:orientation="vertical"
    >

    <TextView
```

```
            android:layout_width="match_parent"
            android:layout_height="wrap_content"
            android:text=" 首頁 "
            android:textSize="24sp"
            android:gravity="center"
            />
    <Button
            android:layout_width="match_parent"
            android:layout_height="wrap_content"
            android:text=" 下一頁 "
            android:onClick="gotoPage2"
            />

</LinearLayout>
```

而在 MainActivity.java 中因版面配置所設定的 Button，android:onClick= "exit"，則必須在其所負責的 Activity 中撰寫呼應的 exit(View view) 方法，處理如下：

```
public void exit(View view){

}
```

當使用者觸摸 Button 元件的時候，gotoPage2(View view) 方法就會被呼叫執行。該方法有以下幾點要注意：

◆ 方法名稱必須與版面配置中的設定一樣，大小寫嚴格區分

◆ 存取修飾字必須為 public

◆ 沒有傳回值型別，要設定為 void

◆ 參數列的唯一參數型別為 View

這時候將在該 exit() 方法中，呼叫 finish() 方法，用來觸發結束 MainActivity 的生命週期。

目前的 MainActivity.java 新增加的段落如下：

```
public void exit(View view){
    finish();
    Log.d("DEBUG","exit");
}
```

此時執行之後，按下按鈕之後，將會使 Activity 進入結束生命週期的程序，與之前按下 Back 鍵的程序是一樣的。因此看到的重點就是 finish() 方法的呼叫。如果再進一步 Override 該 finish() 方法，將可以看到更進一步的運作模式。

```
public void exit(View view){
    finish();
    Log.d("DEBUG","exit");
}


@Override
public void finish() {
    super.finish();
    Log.d("DEBUG","finish");
}
```

事實上，真正在觸發結束生命週期的程序關鍵方法就是 super.finish()，如果將該敘述句拿掉之後，再度執行之後，將會發現無論是按下 Button 或是 Back 鍵，都將無法結束 Activity 的生命週期。

延伸此一觀念的應用，有許多 app 的 Back 按鍵，在第一次被觸發的時候，並無法退出 app，而將會出現一個顯示提示，要求使用者再度按下 Back 來確認真的要離開結束 app 這樣的處理手法，就是運用呼叫 super.finish() 的方式來實現。當第一次按下時，並未呼叫 super.finish()，第二次的觸發時間，會與第一次時間計算，如果在特定的時間內（例如三秒鐘之內），才使其執行 super.finish() 達到確認離開 app 的目的。

再繼續進行下一個實驗，重新執行之後，按下模擬器的 Home 鍵，也就是使用者的操作行為是要返回首頁狀態，而此時所觀察到的生命週期，與剛才的 Back 類似，差別在於最後沒有執行 onDestory() 方法，也就是說，目前的 Activity 並未進入到死亡狀態。再度從模擬器中的選單圖示觸發執行起來，發現了以下的執行順序：onRestart()、onStart() 以及 onResume()，而再度進入到執行狀態. 因為沒有 onDestroy() 進入死亡結束狀態，所以這次的觸發行為，也就沒有執行 onCreate()，反而是從 onRestart() 直接跳到 onStart()。

這是一個很重要的實驗，用來驗證出 Activity 的生命週期，也延伸出往後的設計概念。

例如：當一個 app 中有多個 Activity，其中一個 Activity 負責處理 GPS 的相關運作，而另一個 Activity 則是用來處理使用者的偏好設定。當進入到偏好設定的

Activity 的時候，並不希望仍然持續偵測 GPS。此時，對於處理 GPS 的 Activity，可以將 GPS 的啟動處理程序，放在 onStart()，而不是放在 onCreate()，將解除 GPS 的處理程序放在 onPause() 中，這樣一來，當跳到其他 Activity 的時候，就會解除 GPS 的程序，當再度回到原來的 GPS 的 Activity 的時候，則將會進入到 onStart() 方法執行，而再度啟動 GPS 的程序．這樣的應用範例就是因為了解了 Activity 的生命週期的靈活運用。

Intent 啟動另一個 Activity

Activity 是用來處理使用者介面的相關互動，往往會有一個以上的畫面呈現，此時建議採用一個 Activity 來呼應特定的版面配置，較為理想，也較能提供整個專案開發的維護性．因此，如何從一個 Activity 跳到另一個 Activity 的運作，就是非常重要的一件事。

實作的基本方式，就是透過 Intent 的物件實體來進行。

針對此一議題，建立一個新的專案 MyProj02，先處理【app → res → layout → activity_main.xml】，編輯如下：

```xml
<?xml version="1.0" encoding="utf-8"?>
<LinearLayout
    xmlns:android="http://schemas.android.com/apk/res/android"
    android:layout_width="match_parent"
    android:layout_height="match_parent"
    android:orientation="vertical"
    >

    <TextView
        android:layout_width="match_parent"
        android:layout_height="wrap_content"
        android:text=" 首頁 "
        android:textSize="24sp"
        android:gravity="center"
        />
    <Button
        android:layout_width="match_parent"
        android:layout_height="wrap_content"
        android:text=" 下一頁 "
        android:onClick="gotoPage2"
        />

</LinearLayout>
```

而在 MainActivity.java 中因為版面配置中所設定的 Button，android:onClick= "gotoPage2"，則必須在其所負責的 Activity 中撰寫呼應的 gotoPage2(View view) 方法處理如下：

```java
package tw.brad.myproj02;

import android.support.v7.app.AppCompatActivity;
import android.os.Bundle;
import android.view.View;

public class MainActivity extends AppCompatActivity {

    @Override
    protected void onCreate(Bundle savedInstanceState) {
        super.onCreate(savedInstanceState);
        setContentView(R.layout.activity_main);
    }

    public void gotoPage2(View view){

    }
}
```

至此先告一段落，再來設計另一個 Page2Activity.

在左側專案視窗中，點擊【 app → java → <Package Name> 】右鍵後，逐一展開子選單【 New → Activity → Empty Activity 】。

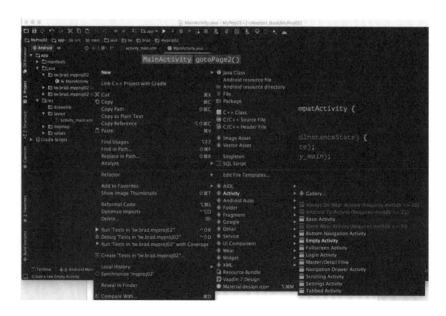

之後，

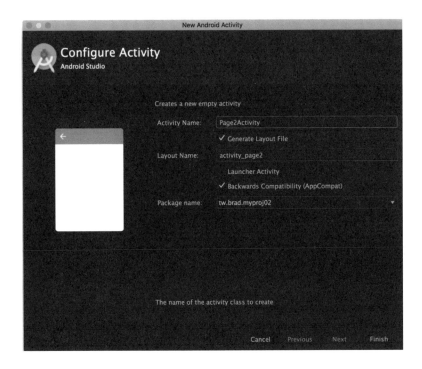

設定 Activity Name 後完成。

此時的開發狀態就已經有兩個 Activity，一個是一開始建立的 MainActivity，另一個則是剛剛新建的 Page2Activity。先簡單處理一下 Page2Activity 的版面配置檔案【app → res → layout → activity_page2.xml】。

```xml
<?xml version="1.0" encoding="utf-8"?>
<LinearLayout
    xmlns:android="http://schemas.android.com/apk/res/android"
    android:layout_width="match_parent"
    android:layout_height="match_parent"
    android:orientation="vertical"
    >

    <TextView
        android:layout_width="match_parent"
        android:layout_height="wrap_content"
        android:text=" 第二頁 "
        android:textSize="24sp"
        android:gravity="center"
        />

</LinearLayout>
```

此時毋須處理 Page2Activity.java，再度回到 MainActivity.java 中，開始處理跳到
第二頁的相關程序，只需要處理 gotoPage2() 方法即可，如下：

```
public void gotoPage2(View view){
    Intent intent = new Intent(this,Page2Activity.class);
    startActivity(intent);
}
```

重點

◆ 建立 Intent 物件，第一個參數為目前的 Activtiy 物件，第二個參數為要跳轉的
   類別。

◆ 呼叫 startActivity() 方法，傳遞設定好的 Intent 物件實體。

當 使 用 者 觸 發 之 後，就 馬 上 運 行 Page2Activity 的 生 命 週 期，而 原 本 的
MainActivity 的生命週期也將同步逐一執行 onPause() 以及 onStop()。

觀念示意圖如下：（MainActivity 表示為 A; Page2Activity 表示為 B）

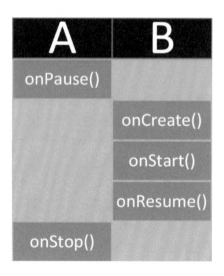

當 從 Page2Activity 按 下 Back 之 後，就 會 再 度 回 到 MainActivity，此 時
Page2Activity 已經進入執行到 onDestroy()，而 MainActivity 則從剛剛的 onStop()
進入到 onRestart()、onStart() 以及 onResume()，使用者所看的的畫面再度回到
MainActivity，唯一的呈現舞台就再度切換回來了。

傳遞資料到另一個 Activity

在上一個單元已經學習到切換 Activity 的方式，但是在實際的應用過程中，往往會從原先的 Activity 傳遞資料到另一個 Activity 中處理及運用，此時將要探討的是如何傳遞資料。延續使用上一個單元的專案範例繼續練習即可。

因為切換的動作是透過關鍵的 Intent 物件實體，因此資料的傳遞也藉由 Intent 物件實體進行。

先來檢視一下上一個單元的 gotoPage2() 方法：

```
public void gotoPage2(View view){
    Intent intent = new Intent(this,Page2Activity.class);
    startActivity(intent);
}
```

現在，打算傳遞以下三個資料內容：

- 使用者名稱為 Brad：username: "Brad"，
- 遊戲目前關卡為第四關：stage: 4，
- 背景音樂開啟：sound: true

因此，透過呼叫 Intent 物件實體的 putExtra(自訂名稱字串 , 設定值)，增加以下敘述句：

```
public void gotoPage2(View view){
    Intent intent = new Intent(this,Page2Activity.class);
    intent.putExtra("username","Brad");
    intent.putExtra("stage",4);
    intent.putExtra("sound",true);
    startActivity(intent);
}
```

如此就完成在 MainActivity 中的處理事項，接下來處理 Page2Activity 如何接收傳遞的資料。

在 Page2Activity 中，透過呼叫 getIntent() 方法，先取得外部傳遞的 Intent 物件實體，就可以從該 Intent 物件實體取得傳遞的資料. 而 getIntent() 方法是所有 Context 物件都具有的方法，Activity 也是 Context 物件實體 (Activity is-a Context)。

之後，呼叫 Intent 物件實體的 getXxxExtra() 來取得傳遞資料，Xxx 表示資料的型別。 如下：

```
Intent intent = getIntent();
String username = intent.getStringExtra("username");
int stage = intent.getIntExtra("stage",0);
boolean sound = intent.getBooleanExtra("sound",false);

Log.d("DEBUG","Username: " + username);
Log.d("DEBUG","Stage: " + stage);
Log.d("DEBUG","Sound: " + (sound?"On":"Off"));
```

重點

◆ Intent 物件實體並非 new 出來的，而是被傳遞進來的，所以是透過 getIntent() 來取得的。

◆ 字串型別資料，直接呼叫 getStringExtra(自訂名稱字串)，如果指定了不存在的自訂名稱字串，則將傳回 null。

◆ 而基本資料型別的資料，例如 int，則是 getIntExtra(自訂名稱字串 , 預設值)，如果指定了不存在的自訂名稱字串，則將傳回指定的預設值。

回傳結果回原來的 Activity

如果再傳遞過去的 Activity 返回結束後，想要將其處理的狀況回報給原先的 Activity，則處理模式會略有些許不同。

仍然以上一個單元的專案範例進行說明。

在 MainActivity.java 中，啟動的方法將從原本的 startActivity()，改為呼叫

```
public void gotoPage2(View view){
    Intent intent = new Intent(this,Page2Activity.class);
    intent.putExtra("username","Brad");
    intent.putExtra("stage",4);
    intent.putExtra("sound",true);
    startActivityForResult(intent,123);
}
```

其中傳遞給 startActivityForResult() 的第二參數為 int 型別的 requestCode 資料，用來辨識再其回呼回來之後，知道是哪個請求被回呼回來使用的，是由開發這自行定義的 int 數值資料。

並且另外撰寫一個 Override 方法 onActivityResult()，此方法將會在另一個 Activity 結束之後，被觸發呼叫，用來處理接收回傳結果使用，而其結果狀態值為第二個參數 resultCode，回傳資料放在第三個參數資料 Intent 物件實體中：

```
@Override
protected void onActivityResult(int requestCode,int resultCode,
Intent data) {
    super.onActivityResult(requestCode,resultCode,data);
}
```

再來處理 Page2Activity.java。

在結束 Page2Activity 生命週期之前，呼叫 setResult(int resultCode)，則將該狀態值傳回原先的 MainActivity 的 onActivityResult() 的第二個參數處理。其值將由開發者自行制定，通常只想表示正常結束，就回傳 RESULT_OK 即可，常用的值如下：

* RESULT_OK

* RESULT_CANCELED

但是千萬別被此兩個值給限定，開發者可以制定特定的傳回結果值。

而想要傳遞更多的參數，透過 Intent 物件實體的設定，以 setResult(int resultCode,Intent intent) 的第二個參數進行傳遞，如下：

```
Intent intent2 = new Intent();
intent2.putExtra("data",123);
intent2.putExtra("isPass",true);
setResult(RESULT_OK,intent2);
```

此時就完成 Page2Activity 的處理部分。回到 MainActivity 中，就可以順利地處理三個參數：

1. int requestCode　　　2. int resultCode　　　3. Intent intent

達到回傳資料的目的了。

自訂 Application

在以上的學習單元上，都是以個別的 Activity 與其他的 Activity 來產生之間的資料傳遞。但是，有些時候是以整個專案運作為考量，會存在部分變數是在整個專案運作中持續的存在及異動，此時將可以利用自訂 Application 來進行相關的操作處理。

此一觀念先從 AndroidManifest.xml 來看，一個 application 就是一整個專案的主要項目，而在其下包含一或是多個 Activity，Service 的不同元件。

```xml
<?xml version="1.0" encoding="utf-8"?>
<manifest xmlns:android="http://schemas.android.com/apk/res/android"
    package="tw.brad.myproj03">

    <application
        android:allowBackup="true"
        android:icon="@mipmap/ic_launcher"
        android:label="@string/app_name"
        android:roundIcon="@mipmap/ic_launcher_round"
        android:supportsRtl="true"
        android:theme="@style/AppTheme">
        <activity android:name=".MainActivity">
            <intent-filter>
                <action android:name="android.intent.action.MAIN" />

                <category android:name="android.intent.category.LAUNCHER" />
            </intent-filter>
        </activity>
    </application>

</manifest>
```

因此，就從開發一個自訂的 Application 來下手處理，在【app → java → <Package Name>】下新增一個 Java Class，在之後出現的對話框中輸入自訂類別名稱，以下為 MyApp，並指定 android.app.Application 為 super class。

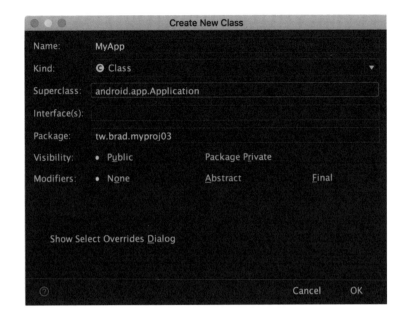

假設有三個資料項目，String(username)、int(stage) 及 boolean(sound)，將會貫穿整的 app 的存取使用，因此將此三個屬性資料項目定義在 MyApp 類別中，並開發撰寫 getter 與 setter。

如下程式碼：

```
package tw.brad.myproj03;

import android.app.Application;

public class MyApp extends Application {
    private String username;
    private int stage;
    private boolean sound;

    @Override
    public void onCreate() {
        super.onCreate();

        username = "guest";
        stage = 0;
        sound = true;
    }

    public String getUsername() {
```

```java
        return username;
    }

    public int getStage() {
        return stage;
    }

    public boolean isSound() {
        return sound;
    }

    public void setUsername(String username) {
        this.username = username;
    }

    public void setStage(int stage) {
        this.stage = stage;
    }

    public void setSound(boolean sound) {
        this.sound = sound;
    }
}
```

在需要存取使用的 MainActivity 中，先呼叫 getApplication() 方法取的 Applcation
的物件實體，並將其強制轉型為 MyApp，就可以直接使用 getter 與 setter 了。

MainActivity.java

```java
package tw.brad.myproj03;

import android.support.v7.app.AppCompatActivity;
import android.os.Bundle;

public class MainActivity extends AppCompatActivity {
    private MyApp myApp;

    @Override
    protected void onCreate(Bundle savedInstanceState) {
        super.onCreate(savedInstanceState);
        setContentView(R.layout.activity_main);

        myApp = (MyApp)getApplication();

        // 取用 myApp 的屬性資料
        String username = myApp.getUsername();
```

```
    int stage = myApp.getStage();
    boolean sound = myApp.isSound();

    // 變更 myApp 的屬性資料
    myApp.setSound(false);
    myApp.setStage(4);
    myApp.setUsername("Brad");

    }
}
```

如此一來，就可以輕鬆地在整個專案之間處理共同的屬性變數。

Fragment 模式

Fragment 代表 Activity 中的一部分使用者介面，在 Activity 中可以合併多個 Fragment，來建置多窗格 UI 或者在多個 Activity 中重複使用 Fragment。同一個介面手機裝置上能有很好的展現，但在平板電腦上就未必能有好的展現，由於平板電腦的螢幕比手機大上許多，同個介面放在平板電腦上可能被拉長、或間距變大等情況，這時就能使用 Fragment 來解決這些問題。

例如：以應用程式範例說明，在手機裝置上螢幕大小不足以容納兩個 Fragment，所以 Actvity1 只會包含 Fragment A，當使用者選取選項後跳換至 Activity2，然後由 Fragment B 顯示內容。不過平板電腦有更多空間可結合及交換 UI 元件，能夠將兩個 Fragment 都包含進來，不用在兩個 Activity 中換，只需要在一個介面裡操兩個 Fragmet 畫面。

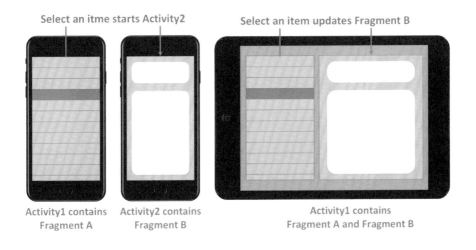

Activity1 contains
Fragment A

Activity2 contains
Fragment B

Activity1 contains
Fragment A and Fragment B

通常對於一個 app 專案開發而言，一個 Activity 用來處理一個視覺版面上的商業邏輯。而往往在一個視覺版面上也可能會有部分差異的區隔，例如以下的版面設計，在最上方提供了旅遊，美食，住宿及購物四大功能，使用者可以非常直覺性的點擊或是滑動操作切換，在這種狀況之下，開發模式仍然是以一個 Activity 來處理，但是因為商業邏輯的差異，則將會以 Fragment 來切割出不同的商業邏輯，進一步可以達到專案維護性的提高。

建立 Fragment

要使用 Fragment 必須先建立一個 Fragment 的子類別，Fragment 與 Activity 十分相似，例如 onCreate()、onStart()、onPause() 和 onStop() 的生命週期回呼方法，但至少必須實作以下生命週期方法：onCreateView()，當 Fragment 初次顯示其介面時系統會呼叫此方法。您需要透過此方法來顯示 Fragment 的 UI，能夠在這裡加入對 UI 的控制來達到您所要的需求。 如果 Fragment 並未提供 UI 的話，則可以傳回空值。

其生命週期如圖所示：

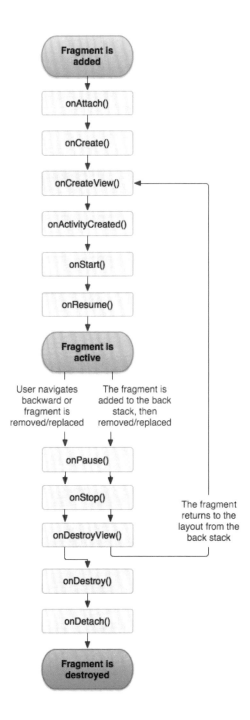

為了讓系統能夠呼叫 Fragment 版面配置，首先必須實作 onCreateView() 回呼方法，實作這個方法時必須傳回 View，也就是呈現出該 Fragment 所要呈現的畫面。

以下進行建立 Fragment 的基本程序，首先先建立一個空白的基本專案。接著下來先載著要的版面配置進行架構，如下：

頂端由一個 LinearLayout 來配置四個 Button，用來切換下面是空白的 FrameLayout，也就是説，FrameLayout 當作是一個容器，用來切換呈現之後要表現的 Fragmemt。

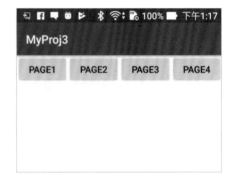

【app → res → layout → activity_main.xml】

```xml
<?xml version="1.0" encoding="utf-8"?>
<LinearLayout xmlns:android="http://schemas.android.com/apk/res/android"
    android:layout_width="match_parent"
    android:layout_height="match_parent"
    android:orientation="vertical"
    >

    <LinearLayout
        android:layout_width="match_parent"
        android:layout_height="wrap_content"
        android:orientation="horizontal"
        >
        <Button
            android:layout_width="match_parent"
            android:layout_height="wrap_content"
            android:layout_weight="1"
            android:onClick="changeToPage1"
            android:text="Page1"
            />
        <Button
            android:layout_width="match_parent"
            android:layout_height="wrap_content"
            android:layout_weight="1"
            android:onClick="changeToPage2"
```

```
                android:text="Page2"
                />
        <Button
                android:layout_width="match_parent"
                android:layout_height="wrap_content"
                android:layout_weight="1"
                android:onClick="changeToPage3"
                android:text="Page3"
                />
        <Button
                android:layout_width="match_parent"
                android:layout_height="wrap_content"
                android:layout_weight="1"
                android:onClick="changeToPage4"
                android:text="Page4"
                />
    </LinearLayout>
    <FrameLayout
            android:id="@+id/container"
            android:layout_width="match_parent"
            android:layout_height="match_parent"
            />

</LinearLayout>
```

再來就在專案 Package 下。透過選單導引建立一個 Fragment，【File → New → Fragment → Fragment(Blank)】，輸入「Fragment Name: Page1Fragment」，而不需要勾選「Include fragment factory methods?」以及「Include interface callbacks?」，如下：

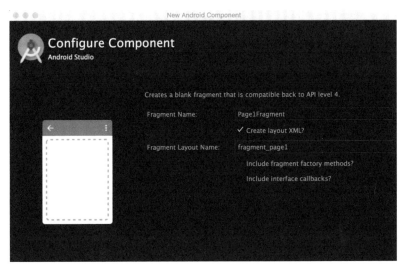

於是就自動建立出一個最基本的 Fragment 類別，以及其所搭配的版面配置，作為第一個 Page1。

先來處理其版面配置，設定一個 TextView，呈現出目前為第一頁。

```
<FrameLayout xmlns:android="http://schemas.android.com/apk/res/android"
    xmlns:tools="http://schemas.android.com/tools"
    android:layout_width="match_parent"
    android:layout_height="match_parent"
    tools:context="tw.brad.myproj3.Page1Fragment">

    <TextView
        android:layout_width="match_parent"
        android:layout_height="match_parent"
        android:textSize="36sp"
        android:text="第一頁" />

</FrameLayout>
```

回到 Page1Fragment.java 中，看到實作的 Override 方法：onCreateView()。

```
@Override
public View onCreateView(LayoutInflater inflater, ViewGroup container,
                         Bundle savedInstanceState) {
    // Inflate the layout for this fragment
    return inflater.inflate(R.layout.fragment_page1, container, false);
}
```

透過傳遞的參數 LayoutInflater 的物件實體 inflater，呼叫 inflater()，傳遞第一個參數，即為前面所設計的版面資源 R.layout.fragment_page1。

此處注意一個小地方，就是該程式的 import 部分，Fragment 是 android.app.Fragment。

```
......
import android.app.Fragment;
......
```

如上相同的方式，分別建立出其他三個 Fragment(Page2Fragment，Page3Fragment 及 Page4Fragment)。之後，進行 MainActivity.java 的處理，有以下幾個關鍵處理程序：

- 透過 findViewById() 取得之前的版面配置的容器 container(FrameLayout) 物件實體。

- 將會呼叫 getFragmentManager() 取得 FragmentManager 物件實體，來管理 Fragment 的運作。

- 分別建立四個 Fragment 的物件實體。

- 先在 onCreate() 中將第一頁的 Fragment，以 FragmentManager 物件取得的 FragmentTranscation 物件呼叫 add() 與 container 進行結合。

- 最後針對按下 Button 後的事件，分別進行 replace() 的處理。

```
package tw.brad.myproj3;

import android.app.Fragment;
import android.os.Bundle;
import android.app.FragmentManager;
import android.app.FragmentTransaction;
import android.support.v7.app.AppCompatActivity;
import android.view.View;
import android.view.ViewGroup;

public class MainActivity extends AppCompatActivity {
    private FragmentManager fmgr;
    private FragmentTransaction fragmentTransaction;
    private ViewGroup container;
    private Fragment page1Fragment,page2Fragment,
            page3Fragment,page4Fragment;


    @Override
    protected void onCreate(Bundle savedInstanceState) {
        super.onCreate(savedInstanceState);
        setContentView(R.layout.activity_main);

        // 取得 container，做為容器使用
        container = (ViewGroup) findViewById(R.id.container);

        // 取得 FragmentManager 物件實體
        fmgr = getFragmentManager();

        // 建立四個 Fragment 物件實體
        page1Fragment = new Page1Fragment();
        page2Fragment = new Page2Fragment();
```

```
        page3Fragment = new Page3Fragment();
        page4Fragment = new Page4Fragment();

        // 取得交易物件
        fragmentTransaction = fmgr.beginTransaction();

        // 初始加入第一頁，並與 container 結合
        fragmentTransaction.add(R.id.container,page1Fragment);

        // 實現動作程序
        fragmentTransaction.commit();
    }

    public void changeToPage1(View view){
        fragmentTransaction = fmgr.beginTransaction();
        fragmentTransaction.replace(R.id.container,page1Fragment);
        fragmentTransaction.commit();
    }
    public void changeToPage2(View view){
        fragmentTransaction = fmgr.beginTransaction();
        fragmentTransaction.replace(R.id.container,page2Fragment);
        fragmentTransaction.commit();
    }
    public void changeToPage3(View view){
        fragmentTransaction = fmgr.beginTransaction();
        fragmentTransaction.replace(R.id.container,page3Fragment);
        fragmentTransaction.commit();
    }
    public void changeToPage4(View view){
        fragmentTransaction = fmgr.beginTransaction();
        fragmentTransaction.replace(R.id.container,page4Fragment);
        fragmentTransaction.commit();
    }

}
```

經過以上的開發建置，即可以清楚看到整個運作的主要觀念如下：

◆ 整體的運作仍然以 Activity 的生命週期為主

◆ Fragment 用來處理每個分頁的內容商業邏輯，專案的維護性提高

◆ Fragement 將會存在於 Activity 的一個 Layout 中（容器的觀念）

◆ FragementTransaction 物件是用來進行增刪及替換使用的目的

Fragment 的運作設計

在任一的 Fragment 中的 UI 元件，通常會在 onCreateView 中進行取得及處理，以在 fragment_page1.xml 中為例，設計一個 Button 及 TextView，改寫如下：

```
<LinearLayout xmlns:android="http://schemas.android.com/apk/res/android"
    android:layout_width="match_parent"
    android:layout_height="match_parent"
    android:orientation="vertical"
    >

    <TextView
        android:layout_width="match_parent"
        android:layout_height="wrap_content"
        android:textSize="36sp"
        android:text=" 第一頁 " />
    <View
        android:layout_width="match_parent"
        android:layout_height="2dp"
        android:background="#0000ff"
        />
    <Button
        android:id="@+id/page1Btn"
        android:layout_width="match_parent"
        android:layout_height="wrap_content"
        android:text=" 按下測試 "
        />
    <TextView
        android:id="@+id/page1Mesg"
        android:layout_width="match_parent"
        android:layout_height="wrap_content"
        android:textSize="16sp"
        />

</LinearLayout>
```

此時開發的重點將會是 Fragment 中的 onCreateView()。首先將原先以 LayoutInflater 呼叫 inflater() 傳回的 View，宣告為屬性變數 mainView。當第一次建立 Fragment 物件實體時，所傳遞的 ViewGroup container 將會是 null，之後如果版面元件沒有異動的情況下，將以下方式處理：

```
...
private View mainView;
...
    @Override
    public View onCreateView(LayoutInflater inflater,ViewGroup container,
                            Bundle savedInstanceState) {
        if (mainView == null) {
            mainView = inflater.inflate(R.layout.fragment_page1'container'
            false);
...... // UI 元件的取得及設定
        }
        return mainView;
    }
```

而要控制的元件，也將會在此處進行取得及設定：

```
textViewMesg = (TextView) mainView.findViewById(R.id.page1Mesg);
buttonClick = (Button) mainView.findViewById(R.id.page1Btn);

buttonClick.setOnClickListener(new View.OnClickListener() {
    @Override
    public void onClick(View view) {
        doClick();
    }
});
```

Fragment 開發架構應用

了解基本的 Fragment 的原理，就可以延續應用相關的觀念，並搭配使用視覺上及使用者經驗較佳的 ViewPager。

先分別產生出四個 Fragment，各為 Page1、Page2、Page3 及 Page4，如下 Page2.java：

```
/**
 * A simple {@link Fragment} subclass.
 */
public class Page2 extends Fragment {


    @Override
    public void onAttach(Context context) {
        super.onAttach(context);
```

```java
        Log.i("brad", "page2:onAttach");
    }


    @Override
    public View onCreateView(LayoutInflater inflater,ViewGroup container,
                             Bundle savedInstanceState) {
        // Inflate the layout for this fragment
        return inflater.inflate(R.layout.page2, container, false);
    }
    @Override
    public void onDetach() {
        super.onDetach();
        Log.i("brad", "page2:onDetach");


    }

}
```

以及其對應的版面配置檔案 page2.xml：

```xml
<FrameLayout xmlns:android="http://schemas.android.com/apk/res/android"
    xmlns:tools="http://schemas.android.com/tools"
    android:layout_width="match_parent"
    android:layout_height="match_parent"
    tools:context="com.example.administrator.mypagertest.Page2"
    android:background="#0f0"
    >

    <!-- TODO: Update blank fragment layout -->
    <TextView
        android:layout_width="match_parent"
        android:layout_height="match_parent"
        android:text="Page2"
        android:textSize="36sp"
        />

</FrameLayout>
```

而主要的 MainActivity 的版面配置如下：

```xml
<?xml version="1.0" encoding="utf-8"?>
<LinearLayout xmlns:android="http://schemas.android.com/apk/res/android"
    xmlns:app="http://schemas.android.com/apk/res-auto"
```

```
        xmlns:tools="http://schemas.android.com/tools"
        android:layout_width="match_parent"
        android:layout_height="match_parent"
        tools:context="com.example.administrator.mypagertest.MainActivity"
        android:orientation="vertical"
        >
    <TextView
        android:id="@+id/mesg"
        android:layout_width="match_parent"
        android:layout_height="wrap_content"
        />

    <android.support.v4.view.ViewPager
        android:id="@+id/container"
        android:layout_width="match_parent"
        android:layout_height="match_parent"
        >

    </android.support.v4.view.ViewPager>


</LinearLayout>
```

將原先的 FrameLayout 的部分以 ViewPager 取代掉。

所以 MainActivity 的處理也就簡單許多了,其中以 ActionBar 來取代原先四個 Button 的功能,以下也將原先的內容註解,以利讀者進行比對其差異。

```
package com.example.administrator.mypagertest;

import android.content.res.Resources;
import android.graphics.Color;
import android.support.v4.app.Fragment;
import android.support.v4.app.FragmentManager;
import android.support.v4.app.FragmentStatePagerAdapter;
import android.support.v4.app.FragmentTransaction;
import android.support.v4.view.PagerTabStrip;
import android.support.v4.view.ViewPager;
import android.support.v7.app.ActionBar;
import android.support.v7.app.AppCompatActivity;
import android.os.Bundle;
import android.util.Log;
import android.view.View;
import android.view.ViewGroup;
import android.widget.FrameLayout;
```

```
import android.widget.TextView;

public class MainActivity extends AppCompatActivity {
    private Page1 page1;
    private Page2 page2;
    private Page3 page3;
    private Page4 page4;
    private FragmentManager fmgr;
    private FragmentTransaction tran;

    private Resources res;

    TextView mesg;

    private ViewPager viewPager;
    private Fragment[] fragments;

    private ActionBar actionBar;

    @Override
    protected void onCreate(Bundle savedInstanceState) {
        super.onCreate(savedInstanceState);
        setContentView(R.layout.activity_main);

        viewPager = (ViewPager)findViewById(R.id.container);

        mesg = (TextView)findViewById(R.id.mesg);

        page1 = new Page1();
        page2 = new Page2();
        page3 = new Page3();
        page4 = new Page4();

        fragments = new Fragment[]{page1,page2,page3,page4};


        fmgr = getSupportFragmentManager();
//          tran = fmgr.beginTransaction();
//          tran.add(R.id.container, page1);
//          tran.commit();

        viewPager.setAdapter(new MyPagerAdapter(fmgr));
        viewPager.setOnPageChangeListener(new ViewPager.
        OnPageChangeListener() {
            @Override
            public void onPageScrolled(int position, float positionOffset,
            int positionOffsetPixels) {
```

```
                }

                @Override
                public void onPageSelected(int position) {
                        actionBar.setSelectedNavigationItem(position - 1);

                }

                @Override
                public void onPageScrollStateChanged(int state) {

                }
        });


        initActionBar();
        viewPager.setCurrentItem(1);
    }

    private void initActionBar(){
        actionBar = getSupportActionBar();
        actionBar.setNavigationMode(ActionBar.NAVIGATION_MODE_TABS);
        ActionBar.TabListener tabListener =
                new ActionBar.TabListener() {
                    @Override
                    public void onTabSelected(ActionBar.Tab tab,
                    FragmentTransaction ft) {
                        viewPager.setCurrentItem(tab.getPosition()+1);
                    }

                    @Override
                    public void onTabUnselected(ActionBar.Tab tab,
                    FragmentTransaction ft) {

                    }

                    @Override
                    public void onTabReselected(ActionBar.Tab tab,
                    FragmentTransaction ft) {

                    }
                };

        for (int i=0; i<4; i++){
            actionBar.addTab(actionBar.newTab()
```

```
                        .setText("Page" + (i+1))
                        .setTabListener(tabListener));
        }

    }

    private class MyPagerAdapter extends FragmentStatePagerAdapter {

        public MyPagerAdapter(FragmentManager fm) {
            super(fm);
        }

        @Override
        public Fragment getItem(int position) {
            return fragments[position];
        }

        @Override
        public int getCount() {
            return fragments.length;
        }

        @Override
        public CharSequence getPageTitle(int position) {
            if (position==0 || position == 5){
                return "";
            }else {
                return  "Page" + (position);
            }
        }
    }


    public void gotoPage1(View view){
//        tran = fmgr.beginTransaction();
//        tran.replace(R.id.container, page1);
//        tran.commit();
        viewPager.setCurrentItem(1);
    }
    public void gotoPage2(View view){
//        tran = fmgr.beginTransaction();
//        tran.replace(R.id.container, page2);
//        tran.commit();
        viewPager.setCurrentItem(2);
    }
    public void gotoPage3(View view){
```

```
//          tran = fmgr.beginTransaction();
//          tran.replace(R.id.container, page3);
//          tran.commit();
        viewPager.setCurrentItem(3);
    }
    public void gotoPage4(View view){
//          tran = fmgr.beginTransaction();
//          tran.replace(R.id.container, page4);
//          tran.commit();
        viewPager.setCurrentItem(4);
    }

}
```

結論

常見的 UI/UX 開發架構，不外乎本章中所討論的兩種模式，或是混合兩種模式。

◆ 以 Activity 的方式進行使用者視覺頁面的切換

  ● 各自 Activity 以不同的功能邏輯處理

  ● Activity 的生命週期的掌握，就是很重要的一件事

◆ 以單一 Activity 運作不同的 Fragment

  ● 各自以 Fragment 進行不同功能的開發維護

  ● Activity 負責整合處理各自 Fragment

  ● 較不重視 Activity 的生命週期運作

◆ 以單一 Activity 運作單一功能，但能實現多分頁的效果

  ● 單純以 ViewPager 來實現

4

常用版面配置

在【app → res → layout 】下的 XML 檔案中可以定義需要的使用者操作介面，
將所需要的元件套入 Layout 中來進行排版，並且可以根據需求來選擇不同的
Layout，同時在 Layout 中也可以加入另一個 Layout，使 UI 整體呈現樹狀結構，
下面會介紹各種 Layout 的不同及特色。

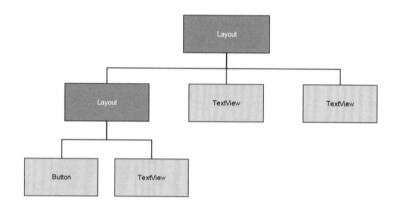

LinearLayout

線性版面配置是一種最廣泛應用的版面配置，可以使在 LinearLayout 中的子物
件呈現垂直或是水平的方向，可以利用 android:orientation 的屬性來設定配置
方向是垂直（vertical）或是水平（horizontal），且排版原理為單一方向，從上
至下或是從左到右，所以垂直排版每一行的物件不管多寬都只會擺放一個，其
他會根據物件本身高度往下堆疊，LinearLayout 會允許每個子物件的 gravity 和
margin 屬性進行對齊功能，而 orientation 算是最重要的屬性。

+ android:orientation="vertical" 垂直排列

+ android:orientation="horizontal" 左右排列

通常對於具有非常多的尺寸 Android 的實體裝置的版面設計而言，必須要能夠
以尺寸比例原則來規劃設計，較能吻合大多數的裝置。因此 LinearLayout 在比
例配置上，是非常具有彈性的 ViewGroup。

假設是以垂直進行版面規劃，則其內容元件的 layout_height 屬性都應該設定
為 0dp（即使是設定為 0，也必須賦予其單位），因為垂直的排列是以高度為比
例原則，並且設定 layout_weight 的比例數值，可以是整數或是浮點數。如果
是以水平進行內部元件的版面規劃的話，則先將 layout_width 設定為 0dp，再

以 layout_weight 來進行比例配置。重點就是不需要再設定 match_parent 或是 wrap_content，因為設定上就失去了以比例為主的版面配置。

以下為例，配置四個 TextView，分別為 1：2：3：4

```xml
<?xml version="1.0" encoding="utf-8"?>
<LinearLayout xmlns:android="http://schemas.android.com/apk/res/android"
    android:layout_width="match_parent"
    android:layout_height="match_parent"
    android:orientation="vertical"
    >
    <TextView
        android:layout_width="match_parent"
        android:layout_height="0dp"
        android:layout_weight="1"
        android:text="Hello World1!"
        android:textSize="24sp"
        android:background="#0000ff"
        />
    <TextView
        android:layout_width="match_parent"
        android:layout_height="0dp"
        android:layout_weight="2"
        android:text="Hello World2!"
        android:textSize="24sp"
        android:background="#ffff00"
        />

    <TextView
        android:layout_width="match_parent"
        android:layout_height="0dp"
        android:layout_weight="3"
        android:text="Hello World3!"
        android:textSize="24sp"
        android:background="#ff0000"
        />
    <TextView
        android:layout_width="match_parent"
        android:layout_height="0dp"
        android:layout_weight="4"
        android:text="Hello World4!"
        android:textSize="24sp"
        android:background="#00ff00"
        />
</LinearLayout>
```

RelativeLayout

相對版面配置可以製作出元件之間具有相對位置關係的版面配置，在 RelativeLayout 底下所有的子元件都可以描述其位置，也可以設定在另一元件的相對位置，例如 B 元件在 A 元件的右方，如果都沒有設定相對位置，元件將會跑到左上角，因此必須使用 RelativeLayout.LayoutParams 的屬性們來調整，例如：

- android:layout_alignParentTop="true"，此元件會靠在其父容器元件的頂邊
- android:layout_centerInParent="true"，此元件會在其父容器元件的正中心點
- android:layout_below="@id/xxx"，此元件放在 @id/xxx 元件的下方
- android:layout_toRightOf="@id/xxx"，此元件會放置在 @id/xxx 元件的右方

不要將 RelativeLayout 本身跟子物件之間有依賴關係的屬性設定，例如將 RelativeLayout 的高度設定為 "wrap_content" 然後又將一個子物件設定為 "ALIGN_PARENT_BOTTOM"。

ConstraintLayout

ConstraintLayout 算是一個 Layout 的新成員，雖然上述的 LinearLayout 和 RelativeLayout 已經可以做出大部分的版面配置，但是太多層級在元件的運作上會較耗資源，Android 新推出的 ConstraintLayout 可以將整體架構扁平化提高整體效能，而 ConstraintLayout 的運作原理就是可以靈活地將各個子元件利用綁定位置方式進行排版，透過元件的水平及垂直面約束在其他元件上，ConstraintLayout 本身的標籤也跟其他 Layout 不同，但基本上可以透過 Design 模式拖曳出來，也可以用 Text 模式打標籤出 Constraint 下方會自動出現完整標籤。

Constraint

Constraint 的屬性想必是 ConstraintLayout 的核心，利用 Constraint 可以將每個元件的各個邊以綁定方式綁定在另一個元件上，綁定後的元件就等於共享同一個邊，下面例子是將 buttonB 的 Leftside 綁定在 buttonA 的 Rightside，因此若移動 buttonA 到任何處，buttonB 的左面都會貼在 buttonA 的右邊。

Margin

除了綁定位置以外，ConstraintLayout 的活用性也是相當廣，可以利用 margin 屬性設定固定與其他元素的間距，來製作更為複雜的版面配置。

* android:layout_marginStart

* android:layout_marginEnd

* android:layout_marginLeft

* android:layout_marginTop

* android:layout_marginRight

* android:layout_marginBottom

CenterPosition

若將一個物件的左右皆貼齊父容器的左右邊界，這樣的作法系統會不接受（除非與父容器的大小相同），在這個情況下這個物件會像拉力一樣往左右拉扯，導致物件跑到父容器正中間，形成類似於 center 的屬性。

```
<Button android:layout_height="wrap_content"
        android:layout_width="wrap_content"
        app:layout_constraintLeft_toLeftOf="parent"
        app:layout_constraintRight_toRightOf="parent"/>
```

Bias

在物件互相拉扯的情況下，可以設定 bias 屬性來使物件偏向某一方，屬性數值以 0~1 代表偏向數據，以水平 bias 來示範，若 layout_constraintHorizontal_bias="0.3" 代表物件會待在比預設的 0.5 更靠近左邊。

* layout_constraintHorizontal_bias

* layout_constraintVertical_bias

```
<Button android:layout_height="wrap_content"
        android:layout_width="wrap_content"
        app:layout_constraintHorizontal_bias="0.3"
        app:layout_constraintLeft_toLeftOf="parent"
        app:layout_constraintRight_toRightOf="parent"/>
```

接下來進行 ConstraintLayout 的實作，先將 EditView 和 Button 拖曳出來放在中間，如果沒有將元件綁定在任何邊的話，當畫面的大小隨著不同顯示器或是旋轉改變時，會發生甚麼事情呢？

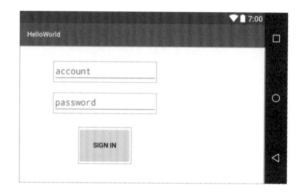

由上圖可得知，如果沒有進行綁定，原先在畫面正中央的 EditView 跟 Button 在畫面旋轉時並沒有持續待在正中央，會隨著畫面跑版，那麼需要將元件各自進行綁定。

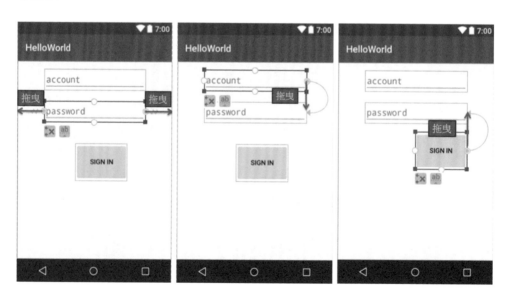

將 password 的 EditText 的雙邊拖曳至父容器的雙邊，即代表此物件將會固定在正中間，再來把 account 的 EditText 和 Button 的右側面對齊 password 的右側，如此一來兩個物件都會跟 password 靠右對齊，並且隨著它移動，綁定完成後進行檢視。

由於 password 的物件左右拉扯所以會顯示在正中央，而 account 和 Button 因為也跟 password 綁定，所以隨著 password 一起對齊中間了，如此一來即使在不同裝置上執行，都可以根據不同大小自動調整成正確的排版。

FrameLayout

FrameLayout 在版面配置上是採用堆疊方式，所有元件會從左上角放進去，後加入的元件在畫面中會堆疊在較上層，且子元素都只能用 layout_gravity 屬性來排版，所以不適合用在多個內容的排版，通常是用在有覆蓋的特殊需求時候用到。

透過三個不同顏色和大小的 Button 來說明，首先顏色順序分別為紅 > 藍 > 綠，之後呈現的畫面可以看到紅色的 Button 在最底部被剩下兩個覆蓋，FrameLayout 的原理就在這邊：

```
<FrameLayout
    android:layout_width="match_parent"
    android:layout_height="match_parent">

    <Button
        android:layout_width="match_parent"
        android:layout_height="200dp"
```

```
        android:layout_gravity="center"
        android:background="@android:color/holo_red_light"/>

    <Button
        android:layout_width="250dp"
        android:layout_height="100dp"
        android:layout_gravity="center"
        android:background="@android:color/holo_blue_bright"/>

    <Button
        android:layout_width="100dp"
        android:layout_height="50dp"
        android:layout_gravity="center"
        android:background="@android:color/holo_green_light"/>
</FrameLayout>
```

TableLayout

在表格配置中必須先包含一個 <TableRow>，<TableRow> 會自動填滿縱向，並
將要放置的元件擺在 TableRow 裡面，基本架構如下：

```
<TableLayout>
    <TableRow>
        <元件 />
        <元件 />
    </TableRow>
</TableLayout>
```

在 <TableLayout> 裡面有幾個特別屬性，內容數字皆由 0 當做起始，多個必須用逗號隔開 android:collapseColumns="0"：將 <TableLayout> 底下所有 <TableRow> 的第一欄元件隱藏，android:shrinkColumns="0,2"：允許 <TableLayout> 底下所有 <TableRow> 的第一及第三欄元件自動收縮，以免超出螢幕。

android:stretchColumns="1,3"：將 <TableLayout> 底下所有 <TableRow> 的第二及第四欄元件填滿水平空白的空間。

而在各個 <TableRow> 標籤底下的元件也可以設定不同屬性，來控制內部元件的分佈。

android:layout_column="1"：讓此元件顯示在第 2 欄上。

android:layout_span="2"：讓此元件佔據了兩欄的空間。

ListView

ListView 為一個可滾動的元件群組，就像一個清單列表一樣，並透過 Adapter 將資源自動插入列表中，並將每個項目都轉換成列表中的元件，以下做一個簡單的範例：

首先在 XML 裡面新增一個 ListView 的標籤，並將此 ListView 的 ID 屬性設為 "list_view"

```
<ListView
    android:layout_width="match_parent"
    android:layout_height="match_parent"
    android:id="@+id/list_view"/>
```

接下來就開始撰寫程式設計的部分了，首先需要宣告一些物件

◆ ListView 叫做 LV1

- ArrayAdapter 叫做 arrayAdapter

- 一個字串的陣列（清單裡面要寫的內容）為 listname

```
public class MainActivity extends AppCompatActivity {

    private ListView LV1;
    private ArrayAdapter<String> arrayAdapter;
    private String[] listname={"First","Second","Third"};
```

宣告完之後就可以開始撰寫程式功能

- LV1 透 過 findViewById(R.id.list_view) 指 定
  為在 XML 檔設計的 ListView

- 將 arrayAdapter 與內容 listname 的字串陣
  列結合

- LV1 設定 arrayAdapter 為自己和內容溝通
  的橋梁

如此一來，在執行模擬器的時候就會出現想
要的結果，listname 的內容會照著清單一樣
排列下來，還可以更進階的做一些小意思，
將 LV1 增加一個監聽器，當點擊任何一個
LV1 裡面的內容時，會產生一個 Toast 訊息為
listname 陣列中被點擊到的名稱。

```
LV1=(ListView)findViewById(R.id.list_view);
arrayAdapter=new ArrayAdapter(this,android.R.layout.simple_list_
item_1,listname);
LV1.setAdapter(arrayAdapter);
LV1.setOnItemClickListener(new AdapterView.OnItemClickListener() {
  @Override
  public void onItemClick(AdapterView<?> adapterView,View view,int i,
long l) {
      Toast.makeText(getApplicationContext(),listname[i],Toast.LENGTH_
SHORT).show();
  }
});
```

RecyclerView

RecyclerView 跟 ListView 有異曲同工之妙，算是進階版的 ListView，只需要維護少許的 View 就可以管理龐大的內容，當項目很多的時候可以透過 Scrolling 動作來顯示清單，並且有內建的版面配置管理員。

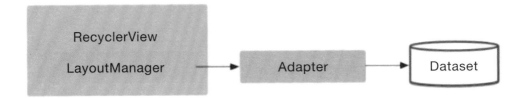

在開始使用 RecyclerView 之前必須先添加 RecyclerView 的 Support，找到 【Gradle Script → build.gradle】點開，並找到 dependencies 內輸入下列指令字串。compile 'com.android.support:recyclerview-v7:26.+'，就可以在專案中使用 RecyclerView 了。

此次範例比較複雜，總共會使用 2 個 XML 檔及 2 個 Java 檔互相交流，四個各自工作分別為

- activity_main.xml：新增 RecyclerView

- recycler_layout.xml：定義清單的版面配置

- MainActivity.java：程式碼定義清單以及設定 Adapter

- RecyclerAdapter.java：定義 Adapter 和顯示的內容

acitvity_main.xml

首先從 acitvity_main.xml 檔開始做起，因為剛剛已經獲得了 RecyclerView 的 Support，所以可以直接輸入標籤並設定清單版面

```
<android.support.v7.widget.RecyclerView
    android:id="@+id/myRecyclerView"
    android:layout_width="match_parent"
    android:layout_height="wrap_content"/>
```

recycler_layout.xml

新增一個 Layout，所以找到【app → res → layout】按下右鍵並新增一個 Layout，並在裡面新增一個 TextView 的標籤來排版，只要一個的原因是 RecyclerView 會將這個 Layout 根據內容多寡直接複製使用，不用一個一個做。

```xml
<TextView
    android:layout_width="match_parent"
    android:layout_height="60dp"
    android:id="@+id/mytext"
    android:textSize="30dp"
    android:gravity="center" />
```

RecyclerAdapter.java

* 在【app → java】新增一個新的 java 檔

* 創建一個 RecyclerView.Adapter，會自動跑出三個函數分別為

    * onCreateViewHolder()：用來創建 ViewHolder 的方法

    * onBindViewHolder()：可以對 TextView 進行複製及設定其內容

    * getItemCount()：用來 return RecyclerView 項目的數量

* 除了內建三個函數外，另外還需要新增 RecyclerAdapter 的函數和 RecyclerViewHolder 的 Class

    * RecyclerAdapter()：將宣告的 List 紀錄下來

    * RecyclerViewHolder：宣告 TextView 並找到 ID

```java
public class RecyclerAdapter extends RecyclerView.Adapter
<RecyclerAdapter.RecyclerViewHolder> {
    private List<LauncherActivity.ListItem> listItems;
    public String[] newData={"apple","banana","kiwi","watermelon","mango",
"orange","lemon","grapes"};

    public RecyclerAdapter(List<LauncherActivity.ListItem> listItems){
        this.listItems=listItems;
    }

    @Override
    public RecyclerViewHolder onCreateViewHolder(ViewGroup parent,int
```

```
viewType) {
    View v = LayoutInflater.from(parent.getContext()).inflate(R.layout.
recycler_layout,parent,false);
    RecyclerViewHolder recyclerViewHolder = new RecyclerViewHolder(v);
    return recyclerViewHolder;
}

@Override
public void onBindViewHolder(RecyclerViewHolder holder,int position) {
    holder.TV.setText(newData[position]);
}

@Override
public int getItemCount() {
    return newData.length;
}

public static class RecyclerViewHolder extends RecyclerView.ViewHolder{
    TextView TV;
    public RecyclerViewHolder(View view){
        super(view);
        TV = (TextView)view.findViewById(R.id.mytext);
    }
}
}
```

MainActivity.java

在 MainActivity.java 直 接 宣 告 RecyclerView、RecyclerView.Adapter、RecyclerView.LayoutManager 和 List 清單

```
private RecyclerView mRecyclerView;
private RecyclerView.Adapter adapter;
private RecyclerView.LayoutManager layoutmanager;
private List<LauncherActivity.ListItem> listItems;
```

直接在 onCreate 裡編輯，找到 RecyclerView 的 ID，設定所屬的 Adapter，版面配置管理員設定為 LinearLayout

```
mRecyclerView=(RecyclerView)findViewById(R.id.myRecyclerView);
adapter = new RecyclerAdapter(listItems);
mRecyclerView.setHasFixedSize(true);
```

```
layoutmanager = new LinearLayoutManager(this);
mRecyclerView.setLayoutManager(layoutmanager);
mRecyclerView.setAdapter(adapter);
```

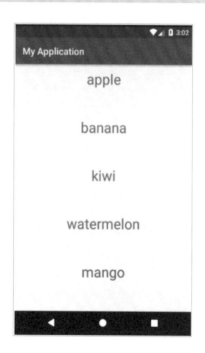

GridView

表格配置通常使用在相片陳列，以 Column（欄）為單位來設定，GridView 也有幾個重要的屬性

  android:numColumns="2"：設定表格的欄數為 2 欄

  android:gravity="center"：圖片對齊中央

  android:horizontalSpacing="10dp"：圖片之間水平間隔為 10dp

  android:verticalSpacing="20dp"：圖片之間垂直間隔為 20dp

亦可使用 Padding 屬性配置圖片間的間距。

Adapter

Adapter 為背景數據與 UI(View) 之間的橋梁，常見的 View 都會需要 Adapter 來負責接收背景數據，以下為常見的 Adapter

- BaseAdapter

- ArrayAdapter

- SimpleAdapter

- SimpleCursorAdapter

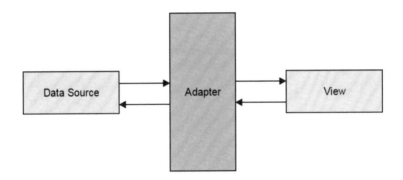

ViewFlipper

當一個 Activity 中有多個 ViewGroup 的時候，可以利用 ViewFlipper 將多個 ViewGroup 放在一個 ViewFlipper 裡面切換，以實作一個簡單的相片轉換為範例。

首先在 XML 檔裡面需要一個主角 ViewFlipper，可以自行定義大小和排版，然後將 ID 取為 VF1

```
<ViewFlipper
    android:layout_width="300dp"
    android:layout_height="300dp"
    android:layout_gravity="center"
    android:id="@+id/VF1">

</ViewFlipper>
```

將需要用到的影像檔案新增至【app → res → drawable 】資料夾內，然後 ViewFlipper 標籤裡面新增數個 ImageView，並將 ImageView 的 src（照片路徑）設定為指定影像在 drawable 中的檔案名稱。

```
<ImageView
    android:layout_width="match_parent"
    android:layout_height="match_parent"
    android:src="@drawable/animal1"/>

<ImageView
    android:layout_width="match_parent"
    android:layout_height="match_parent"
    android:src="@drawable/animal2"/>

<ImageView
    android:layout_width="match_parent"
    android:layout_height="match_parent"
    android:src="@drawable/animal3"/>
```

完成排版後，就可以來編輯 Java 檔，首先要宣告 ViewFlipper 為 VF1

```
private ViewFlipper VF1;
```

接下來在 onCreate 裡面

◆ 將宣告的 VF1 找到在 XML 檔裡創建的 ID

◆ VF1 的 ViewFlipper 設定為自動

◆ VF1 設定為 3 秒鐘自動跳轉下一個 View（setFlipInterval 的單位為毫秒，所以此範例 3000 代表 3 秒鐘）

```
VF1=(ViewFlipper)findViewById(R.id.VF1);
VF1.setAutoStart(true);
VF1.setFlipInterval(3000);
```

完成了簡單的編寫程序後，即可進行檢視成果。

5

常用 UI 元件

本章介紹一般在開發專案時，經常會運用到的視覺化元件，個別說明其使用時機及特性介紹。先看到元件在版面配置檔案中的處理格式：（以 TextView 為例）

```
<TextView
    android:id="@+id/textView01"
    android:layout_width="wrap_content"
    android:layout_height="wrap_content"
    android:text="Hello World!"/>

<元件
      android:屬性名稱 ="屬性值 "
      android:屬性名稱 ="屬性值 "
      android:屬性名稱 ="屬性值 "
      …...
/>
```

屬性

在每個元件層中來控制元件屬性的項目，因為在其上層元件通常都會指定 xmlns 為 android，所以其下元件的屬性前面都會加上 android:xxx="xxx"，表示依循 xmlns 指定的定義。

- layout_width/height：寬 / 高度，必要
  - wrap_content：可自行調整為元件內容大小
  - match_parent：會調整至父容器的大小，與 fill_parent 相同

當然也可以直接給定數值內容，但是要加上單位，例如：24dp、36sp

- padding：元件與本身框架之間的距離

- margin：元件與其他元件保持的距離

- gravity：內容置中對齊功能

- center：垂直和水平都置中

- text：可以直接修改元件上顯示的文字，因此可以直接在此屬性修改成自己想要的內容

ID

每個元素物件都可包含一個 ID，可以說是每個元件的識別碼，雖然在 XML 檔底下會將 ID 屬性指派為字串，但系統會將此讀成整數，ID 的格式為 android.id="@+id/xxx"，具有獨特性不可與其他元件重複，且不可為關鍵字，字首必須為 "a-zA-Z$_" 第二個字之後多了數字可以用，與 Java 程式語言的變數命名規則一樣，例如

android:id="+@id/text01"　正確

android:id="+@id/01text"　錯誤

```
<Button android:id="@+id/button01"
        android:layout_width="wrap_content"
        android:layout_height="wrap_content"
        android:text="Hello" />
```

在指派 ID 屬性值之後可在 Java 檔編寫程式並從版面配置中擷取該元件之物件實體

```
Button myButton = (Button) findViewById(R.id.button01);
```

切記在編輯 ID 時盡量以有意義且淺顯易懂的名稱進行命名，千萬不要取名為 "aaa" 或是 "abc" 此類，因為當使用到相當多的元素時會造成混淆，到時候連自己都不知道在呼叫哪個元素物件了。

TextView

最基本的文字元件，可以在畫面上顯示想要呈現的文字內容，在開啟專案的同時出現的 "HelloWorld!" 就是用 TextView 呈現的，常用屬性有

◆ text：設定此 TextView 的文字內容

◆ textSize：設定此 TextView 的字體大小

◆ textColor：設定此 TextView 的字體顏色

◆ textStyle：設定此 TextView 的樣式，常用的有 bold（粗體）和 italic（斜體），若要一次使用到兩個可以用 "|" 符號隔開

◆ textAllCaps：是否為全大寫處理

◆ autoLink：將 TextView 中的關鍵字自動形成連結模式，分別有 all、web、email、map 和 phone

Button

按鈕算是個最常見的控制元件，Button 的觸發事件是由按鈕監聽器 View.onClickListener 來控制，每按一次就會執行一次，常用到的屬性有

◆ text：按鈕的文字內容

◆ textSize：按鈕文字大小

◆ textColor：按鈕文字顏色

◆ background：按鈕背景設計

◆ onClick：直接指定按下去所觸發的方法名稱

按鈕監聽器

要幫按鈕加監聽器首先要宣告 Button 並且透過 ID 取得其物件實體，之後只要使 Button 呼叫 setOnClickListener()，在方法中指定一個 View.OnClickListener 的匿名物件實體，該物件將會針對該 Button 進行監聽，一但使用者觸發 Click 事件，將會執行 onClick() 中的程式碼。

例如：當按下 bt1 按鈕時，將 bt1 的文字內容改為 Done

```
final Button bt1 = (Button)findViewById(R.id.bt1);
bt1.setOnClickListener(new View.OnClickListener() {
    @Override
    public void onClick(View view) {
        bt1.setText("Done");
    }
});
```

或是在版面配置中設定屬性 onClick：

```
    <Button
        android:layout_width="match_parent"
        android:layout_height="wrap_content"
        android:text="Click Me"
        android:onClick="clickMe" />
```

則在以該版面配置 setContentView() 的 Activity 中 ，增加一個方法：

* 存取修飾字為 public

* 無傳回值

* 方法名稱與屬性定義中一樣

* 傳遞參數為 View 型態，也就是該 Button 物件實體，如有需要可以進行強制
  轉型回原來的 Button

```
public void clickMe(View view){
    // 觸發按鈕事件處理
}
```

EditText

當應用程式中有需要輸入的項目，就可以使用 EditText 元件，例如：登入時輸
入帳號密碼，註冊時的使用者名稱等等，都可以透過 EditText 將輸入的字串加
以運用，常用的屬性有

* textScaleX：設定字與字之間的間距

* hint：提示輸入，會在 EditText 底部出現的字串，並不影響使用者輸入

* maxLengh：可輸入的最大寬度字串

* inputType：EditText 的核心，這裡可以描述此 EditText 可輸入的文字處理方
  式，例如：

  * text：單純的可以輸入任何字串

  * textPassword：輸入的字會自動隱藏，避免遭竊取

  * phone：可輸入電話號碼格式

  * numberDecimal：十進位數字

例如：

```
<?xml version="1.0" encoding="utf-8"?>
<LinearLayout xmlns:android="http://schemas.android.com/apk/res/android"
    xmlns:app="http://schemas.android.com/apk/res-auto"
```

```
    xmlns:tools="http://schemas.android.com/tools"
    android:layout_width="match_parent"
    android:layout_height="match_parent"
    android:orientation="vertical"
    >

    <EditText
        android:id="@+id/inputNumber"
        android:layout_width="match_parent"
        android:layout_height="wrap_content"
        android:inputType="numberDecimal"
        />
    <Button
        android:layout_width="match_parent"
        android:layout_height="wrap_content"
        android:text="Click Me"
        android:onClick="clickMe"
        />
    <TextView
        android:id="@+id/mesg"
        android:layout_width="match_parent"
        android:layout_height="wrap_content"
        />
</LinearLayout>
```

回到程式中要取得輸入的字串 ，則要呼叫 getText().toString()

```java
public class MainActivity extends AppCompatActivity {
    private TextView mesg;
    private EditText inputNumber;

    @Override
    protected void onCreate(Bundle savedInstanceState) {
        super.onCreate(savedInstanceState);
        setContentView(R.layout.activity_main);

        mesg = (TextView)findViewById(R.id.mesg);
        inputNumber = (EditText)findViewById(R.id.inputNumber);

    }
    public void clickMe(View view){
        // 觸發按鈕事件處理
        String inputString = inputNumber.getText().toString();
        mesg.setText(inputString);
    }
}
```

CheckBox

CheckBox 是一個有雙狀態的按鈕，可以透過點擊來勾選和取消，通常會拿來當作複選欄位使用，或是設定狀態的開關模式，因為每個 CheckBox 都是獨立的，可以透過 isChecked() 來判斷是否勾選，進而做下一步的動作。

```
<CheckBox
    android:id="@+id/cb1"
    android:layout_width="wrap_content"
    android:layout_height="wrap_content"
    android:text=" 蘋果 " />

<CheckBox
    android:id="@+id/cb2"
    android:layout_width="wrap_content"
    android:layout_height="wrap_content"
    android:text=" 香蕉 " />

<TextView
    android:id="@+id/tv2"
    android:layout_width="wrap_content"
    android:layout_height="wrap_content"
    android:textSize="25dp" />
```

由於這次的示範必須創建新的函數，所以必須把 CheckBox 和 TextView 宣告為 MainActivity 的屬性才能供類別中的其他方法使用。

```
private CheckBox cb1 ,cb2;
private TextView textView;
```

接著就可以到 onCreate 找到對應的 ID 屬性

```
cb1=(CheckBox)findViewById(R.id.cb1);
cb2=(CheckBox)findViewById(R.id.cb2);
textView=(TextView)findViewById(R.id.tv2);
```

建立一個函數是 onCheckedChangeListener() 叫作 CBListener，當有作出勾選動作時就執行的程式碼。在裡面宣告新的字串叫 apple 和 banana 供改變 TextView 的字串使用。

```
private CheckBox.OnCheckedChangeListener CBListener = new CompoundButton.
OnCheckedChangeListener() {
    @Override
    public void onCheckedChanged(CompoundButton compoundButton ,boolean b) {
        String apple,banana;

        if(cb1.isChecked()){
            apple = cb1.getText().toString();
        }else {
            apple = "";
        }
        if(cb2.isChecked()){
            banana = cb2.getText().toString();
        }else {
            banana = "";
        }
        textView.setText("我喜歡:"+apple+" "+banana);
    }
};
```

最後在 onCreate 記得呼叫剛剛建立的監聽器，每當按下按鈕時都會執行一次。

```
cb1.setOnCheckedChangeListener(CBListener);
cb2.setOnCheckedChangeListener(CBListener);
```

執行結果如下：

RadioButton

RadioButton 是一個單選的按鈕，要做一個單選選項必須要有兩個標籤 <RadioButton> 和 <RadioGroup>，RadioButton 標籤必須包含在 RadioGroup 裡面且至少有兩個以上，在同一個 RadioGroup 裡面所有的 RadioButton 只能做 單選動作，選擇一項其他的選項會被取消。

除了 RaidioButton 外也要幫 RaidioGroup 加上識別碼標籤。

```
<RadioGroup
    android:id="@+id/rg1"
    android:layout_width="wrap_content"
    android:layout_height="wrap_content">
    <RadioButton
        android:id="@+id/rb1"
        android:layout_width="wrap_content"
        android:layout_height="wrap_content"
        android:text="19 以下 "/>
    <RadioButton
        android:id="@+id/rb2"
        android:layout_width="wrap_content"
        android:layout_height="wrap_content"
        android:text="20~65"/>
    <RadioButton
        android:id="@+id/rb3"
        android:layout_width="wrap_content"
        android:layout_height="wrap_content"
        android:text="65 以上 "/>
</RadioGroup>
```

在 onCreate 裡設定 radioGroup 的 OnCheckedChange 監聽器

```
radioGroup = (RadioGroup)findViewById(R.id.rg1);
rb1=(RadioButton)findViewById(R.id.rb1);
rb2=(RadioButton)findViewById(R.id.rb2);
rb3=(RadioButton)findViewById(R.id.rb3);
textView=(TextView)findViewById(R.id.tv2);
radioGroup.setOnCheckedChangeListener(new RadioGroup.
OnCheckedChangeListener()
```

利用 switch…case 敘述法在 switch 判斷哪個 RadioButton 被按下

```
switch (radioGroup.getCheckedRadioButtonId()){
    case R.id.rb1:
        if(rb1.isChecked())
            textView.setText(rb1.getText().toString());
        break;
    case R.id.rb2:
        if(rb2.isChecked())
            textView.setText(rb2.getText().toString());
        break;
    case R.id.rb3:
        if(rb3.isChecked())
            textView.setText(rb3.getText().toString());
        break;
}
```

執行結果如下：

ToggleButton

ToggleButton 是一個開關按鈕，也是一個雙狀態按鈕，他的特點是選擇和未選擇時可以顯示不一樣的內容，分別是 textOff 和 textOn 屬性，這兩個屬性可以編輯兩種狀態時不同的內容。

```
<ToggleButton
    android:id="@+id/tb1"
    android:layout_width="150dp"
    android:layout_height="60dp"
    android:textOff="No"
    android:textOn="Yes"/>
```

直接設定 ToggleButton 的 OnCheckedChange 監聽器，在裡面判斷當時的選擇狀態

```
toggleButton = (ToggleButton)findViewById(R.id.tb1);
textView = (TextView)findViewById(R.id.tv2);
toggleButton.setOnCheckedChangeListener(new CompoundButton.
OnCheckedChangeListener() {
    @Override
    public void onCheckedChanged(CompoundButton compoundButton,boolean b) {
        if(toggleButton.isChecked()){
            textView.setText(toggleButton.getTextOn());
        }else {
            textView.setText(toggleButton.getTextOff());
        }
    }
});
```

執行結果如下：

Spinner

Spinner 是一個下拉式選單，在一組清單中快速選取一個值，預設情況會選擇第一個值，Spinner 也需要 Adapter 作為資料和使用者視覺之間的橋梁。

在【 app → res → values → strings.xml 】裡面可以設定預存的字串，先將要放在 Spinner 裡面的字串陣列打在裡面，並取名叫 fruits。

```
<string-array name="fruits">
    <item>apple</item>
    <item>banana</item>
    <item>mango</item>
    <item>watermelon</item>
    <item>kiwi</item>
</string-array>
```

再來就設計一個 Spinner 識別碼，Spinner 很單純的就只需要一個 ID 就可以使用了。

```
<Spinner
    android:id="@+id/mySpinner"
    android:layout_width="wrap_content"
    android:layout_height="wrap_content">
</Spinner>
```

之後，

◆ 依照 Spinner 的 ID 取得物件實體

◆ 宣告 ArrayAdapter 並將資料來源用 R.array 找到剛剛設定的 fruits，並設定為向下拉式的選單

◆ 將此 adapter 導入 spinner

◆ 接著就可以創造一個 onItemSelected 的監聽器，選擇項目時執行的動作

◆ 當選擇特定選項時，直接用 Toast 訊息列出所選擇的項目名稱

```
Spinner spinner = (Spinner) findViewById(R.id.mySpinner);
ArrayAdapter adapter = ArrayAdapter.createFromResource(this,R.array.
fruits,android.R.layout.simple_spinner_dropdown_item);
spinner.setAdapter(adapter);
spinner.setOnItemSelectedListener(new AdapterView.
OnItemSelectedListener() {
    @Override
    public void onItemSelected(AdapterView<?> adapterView,View view ,int
I,long l) {
        Toast.makeText(MainActivity.this ," 你選擇:"+adapterView.
getSelectedItem().toString() ,Toast.LENGTH_SHORT).show();
    }
});
```

Picker

Picker 是 Android 提供一種時間或日期的對話框選擇器,讓使用者可以確保選擇正確的資訊且方便操作,並可以自定義其版面樣式,DatePickerDialog() 和 TimePickerDialog() 兩個函數可以輕鬆達成日期和時間選擇對話框。

常用之對話框樣式

◆ THEME_HOLO_LIGHT

◆ THEME_HOLO_DARK

◆ THEME_DEVICE_DEFAULT_LIGHT

◆ THEME_DEVICE_DEFAULT_DARK

日期對話框

要製作一個日期或時間選擇對話框可以用 DatePickerDialog() 函數達成，以下以
一個 Button 來觸發對話框進行説明：

```
<Button
    android:id="@+id/bt1"
    android:layout_width="wrap_content"
    android:layout_height="wrap_content"
    android:text=" 請選擇日期 "
    android:textSize="20dp"
    android:onClick="pickDate"/>

<TextView
    android:id="@+id/tv1"
    android:layout_width="wrap_content"
    android:layout_height="wrap_content"
    android:textSize="20dp"/>
```

- 設定 Button 的 Listener，在 Listener 中以 Calendar.getInstance() 取得日曆的
  物件實體，並將年、月、日的值分別儲存在變數中。

- 新增一個 DatePickerDialog() 讓點擊按鈕時可以出現日期選擇對話框，在函
  數傳入對話框樣式，設計 onDateSetListener().show() 日期設定監聽器，當選
  擇完日期時按下 OK 便會執行，將所選擇的日期用字串顯示在一個 TextView
  上面，最後別忘了加上 show() 顯示其對話框。

```
bt=(Button)findViewById(R.id.bt1);
tv=(TextView)findViewById(R.id.tv1);
bt.setOnClickListener(new View.OnClickListener() {
    @Override
```

```
    public void onClick(View view) {
        final Calendar c = Calendar.getInstance();
        int yearNum = c.get(Calendar.YEAR);
        int monthNum = c.get(Calendar.MONTH);
        int dayNum = c.get(Calendar.DAY_OF_MONTH);

        new DatePickerDialog(MainActivity.this,android.app.AlertDialog.
THEME_HOLO_LIGHT
,new DatePickerDialog.OnDateSetListener(){
            @Override
            public void onDateSet(DatePicker datePicker,int yearNum,int
monthNum,int dayNum) {
                String date = yearNum+"-"+(monthNum+1) +"-"+dayNum;
                tv.setText(date);
            }
        } ,yearNum ,monthNum ,dayNum).show();
    }
});
```

時間對話框

時間對話框其實跟日期對話框大同小異，只有抓取得數值，與呼叫的函數不同。

```
final int HourNum = c.get(Calendar.HOUR_OF_DAY);
final int MinuteNum = c.get(Calendar.MINUTE);
TimePickerDialog()
```

自訂 View

雖然在 Android API 中有許多的 View 類別，但有時候會有獨特需求是在內建類別中沒有的，而基於專案視覺上的需求，就必須進行自訂 View 的相關開發。

建立自訂 View

先從以下幾個大原則開始

- 首先要在【 app → java 】資料夾內建立一個新的 java 檔

- 使該類別的 superclass 為 View

- View 類別有 4 個建構子，單純 Context 型別的建構子無法在 XML 檔進行版面配置，至少要有 AttributeSet 的建構子才可以透過版面配置檔案進行版面配置處理。

以下範例逐步進行一個可以用手勢簽名的程式，而簽名的區域就是使用一個自訂 View 來處理，可以使讀者同時了解到自訂 View 的畫面運作原理，以及使用者互動的處理方式，進而將此觀念延伸到其他的 View。

先進行一般性的版面配置：activity_main.xml

```xml
<?xml version="1.0" encoding="utf-8"?>
<LinearLayout xmlns:android="http://schemas.android.com/apk/res/android"
    android:layout_width="match_parent"
    android:layout_height="match_parent"
    android:orientation="vertical"
    >
    <LinearLayout
        android:layout_width="match_parent"
        android:layout_height="wrap_content"
        android:orientation="horizontal"
        >
        <Button
            android:layout_width="0dp"
            android:layout_weight="1"
```

```
            android:layout_height="wrap_content"
            android:text="Clear"
            android:onClick="clear"
            />
        <Button
            android:layout_width="0dp"
            android:layout_weight="1"
            android:layout_height="wrap_content"
            android:text="Undo"
            android:onClick="undo"
            />
        <Button
            android:layout_width="0dp"
            android:layout_weight="1"
            android:layout_height="wrap_content"
            android:text="Redo"
            android:onClick="redo"
            />
    </LinearLayout>
    <TextView
        android:layout_width="match_parent"
        android:layout_height="match_parent"
        android:background="#ffff00"
        />
</LinearLayout>
```

事實上並沒有任何的自訂 View，但是中間一大塊的 TextVlew 就是要用來説明自訂 View 的處理模式。

在【app → java → <package name> 】下，New 出一個 Java Class。名稱為 MyView

```java
package tw.brad.ch05_customview;

import android.content.Context;
import android.graphics.Color;
import android.support.annotation.Nullable;
import android.util.AttributeSet;
import android.view.View;

/**
 * Created by brad on 2017/10/12.
 */

public class MyView extends View {
    public MyView(Context context ,@Nullable AttributeSet attrs) {
        super(context ,attrs);
        setBackgroundColor(Color.GREEN);
    }
}
```

再度回到版面配置檔案，將 TextView 置換為 tw.brad.ch05_customview.MyView

```xml
<?xml version="1.0" encoding="utf-8"?>
<LinearLayout xmlns:android="http://schemas.android.com/apk/res/android"
    android:layout_width="match_parent"
    android:layout_height="match_parent"
    android:orientation="vertical"
    >
    <LinearLayout
        android:layout_width="match_parent"
        android:layout_height="wrap_content"
        android:orientation="horizontal"
        >
        <Button
            android:layout_width="0dp"
            android:layout_weight="1"
            android:layout_height="wrap_content"
            android:text="Clear"
            android:onClick="clear"
```

```
            />
        <Button
            android:layout_width="0dp"
            android:layout_weight="1"
            android:layout_height="wrap_content"
            android:text="Undo"
            android:onClick="undo"
            />
        <Button
            android:layout_width="0dp"
            android:layout_weight="1"
            android:layout_height="wrap_content"
            android:text="Redo"
            android:onClick="redo"
            />
    </LinearLayout>
    <tw.brad.ch05_customview.MyView
        android:layout_width="match_parent"
        android:layout_height="match_parent"
        android:background="#ffff00"
        />
</LinearLayout>
```

執行專案之後，將會發現原來的 TextView 的區域已經是變成綠色背景了，即使在版面配置中設定其屬性為黃色。那是因為版面配置的設定皆為初始狀態，到了程式執行階段，則是以程式的執行為主。

接下來回到 MyView.java 中。Override 其 onDraw() 方法。該方法將會傳遞進來 Canvas 物件實體，這是用來繪製 View 元件的外觀樣貌的物件。以下先來繪製一個線段為例：

```
    @Override
    protected void onDraw(Canvas canvas) {
        super.onDraw(canvas);

        Paint paint = new Paint();
        paint.setColor(Color.BLUE);
        paint.setStrokeWidth(4);

        canvas.drawLine(0 ,0 ,200 ,200 ,paint);

    }
```

1. 新建 Paint 的畫筆物件實體，並設定顏色及畫筆粗細

2. 以 Canvas 呼叫 drawLine（起點 x 座標 , 起點 y 座標 , 起點 x 座標 , 終點 y 座標 ,Paint 物件）

目前畫面如下：

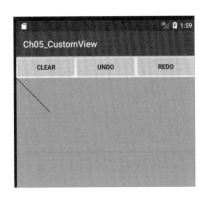

使用者事件處理

當使用者觸摸到該 View 元件時，將會觸發 onTouchEvent() 方法，以下先進行相關的實驗：

```
@Override
public boolean onTouchEvent(MotionEvent event) {
    Log.i("brad" ,"onTouchEvent");
    return super.onTouchEvent(event);
}
```

執行之後，只要觸摸到 MyView 時，就會在 LogCat 視窗中看到 onTouchEvent 字串印出。該次觸摸事件的資訊內容，將可以在傳遞的 MotionEvent 物件中取得。例如：

- getX()：傳回 X 座標

- getY()：傳回 Y 座標

- getAction()：傳回動作種類，可以進行比對判斷

  - MotionEvent.ACTION_DOWN：觸摸開始

- MotionEvent.ACTION_UP：觸摸結束

- MotionEvent.ACTION_MOVE：觸摸滑動

如果按照上述範例的測試，將不會有 ACTION_MOVE 的事件發生，即使使用者真的進行觸摸滑動的動作。原因在於 onTouchEvent() 方法中的 return 敘述句，是 super.onTouchEvent(event) 在 View 中的設定為 false，也就是針對相同的觸摸事件，沒有持續性的偵測。因此只需要將 return 值修改為 true，就可以進行持續性的偵測事件。

```
@Override
public boolean onTouchEvent(MotionEvent event) {
    if (event.getAction() == MotionEvent.ACTION_DOWN){
        Log.i("brad" ,"DOWN");
    }else if (event.getAction() == MotionEvent.ACTION_MOVE){
        Log.i("brad","MOVE");
    }else if (event.getAction() == MotionEvent.ACTION_UP){
        Log.i("brad" ,"DUP");
    }
    return true; //super.onTouchEvent(event);
}
```

這樣就可以在使用者事件發生的同時 ，隨時將其資訊存放在 List 結構中。

- HashMap<String ,Float>：存放一個點座標

- LinkedList<HaspMap<String,Float>>：存放一條線，內含一個以上的點

- LinkedList<LinkedList<HaspMap<String ,Float>>>：存放多條線，內含一條以上的線

完整處理如下：

```
package tw.brad.ch05_customview;

import android.content.Context;
import android.graphics.Canvas;
import android.graphics.Color;
import android.graphics.Paint;
import android.support.annotation.Nullable;
import android.util.AttributeSet;
import android.view.MotionEvent;
import android.view.View;
```

```
import java.util.HashMap;
import java.util.LinkedList;

/**
 * Created by brad on 2017/10/12.
 */

public class MyView extends View {
    private Paint paint;
    private LinkedList<LinkedList<HashMap<String ,Float>>> lines;

    public MyView(Context context ,@Nullable AttributeSet attrs) {
        super(context ,attrs);
        setBackgroundColor(Color.GREEN);

        paint = new Paint();
        paint.setColor(Color.BLUE);
        paint.setStrokeWidth(4);

        lines = new LinkedList<>();
    }

    @Override
    protected void onDraw(Canvas canvas) {
        super.onDraw(canvas);

        for (LinkedList<HashMap<String ,Float>> line : lines) {
            for (int i=1; i<line.size(); i++) {
                HashMap<String ,Float> p0 = line.get(i-1);
                HashMap<String ,Float> p1 = line.get(i);
                canvas.drawLine(p0.get("x") ,p0.get("y") ,
                        p1.get("x") ,p1.get("y") ,paint);
            }
        }
    }

    @Override
    public boolean onTouchEvent(MotionEvent event) {
        if (event.getAction() == MotionEvent.ACTION_DOWN){
            newLine(event.getX() ,event.getY());
        }else if (event.getAction() == MotionEvent.ACTION_MOVE){
            moveLine(event.getX() ,event.getY());
        }
        return true; //super.onTouchEvent(event);
    }
```

```
        private void newLine(float x ,float y){
            LinkedList<HashMap<String ,Float>> line = new LinkedList<>();
            HashMap<String,Float> point = new HashMap<>();
            point.put("x" ,x);
            point.put("y" ,y);
            line.add(point);
            lines.add(line);
        }

        private void moveLine(float x ,float y){
            HashMap<String ,Float> point = new HashMap<>();
            point.put("x" ,x);
            point.put("y" ,y);
            lines.getLast().add(point);
            invalidate();
        }

    }
```

重點

- ◆ 當觸摸開始時，進行產生新線的資料結構，並將新的點放進新線

- ◆ 當觸摸滑動時，取出新線，加入新點

- ◆ 並呼叫重新繪製的要求 invalidate()

- ◆ 在 onDraw() 中將 lines 的資料結構尋訪出來並繪製許多線段

與 Activity 互動

回到 MainActivity 中，想要按下 Clear 按鈕就可以清除畫面。則先在 MyView.
java 中建立一個 clear() 方法，將 lines 的資料結構清空即可。而 Undo 與 Redo
則會需要一個與 lines 相同的資料結構物件來處理。

先處理 MyView.java

```
private LinkedList<LinkedList<HashMap<String ,Float>>> lines ,recycler;
......
    public MyView(Context context ,@Nullable AttributeSet attrs) {
        super(context ,attrs);
... ...
```

```
            lines = new LinkedList<>();
            recycler = new LinkedList<>();
    }
......
    public void clear(){
        lines.clear();
        invalidate();
    }

    public void undo(){
        if (lines.size() > 0) {
            recycler.add(lines.removeLast());
            invalidate();
        }
    }

    public void redo(){
        if (recycler.size() > 0) {
            lines.add(recycler.removeLast());
            invalidate();
        }
    }
```

再回到 MainActivity.java

```
public class MainActivity extends AppCompatActivity {
    private MyView myView;

    @Override
    protected void onCreate(Bundle savedInstanceState) {
        super.onCreate(savedInstanceState);
        setContentView(R.layout.activity_main);

        myView = (MyView)findViewById(R.id.myView);
    }

    public void clear(View view){
        myView.clear();
    }
    public void undo(View view){
        myView.undo();
    }
    public void redo(View view){
        myView.redo();
    }
}
```

如下圖：

UI Event

選單 Menu

選單類在 Android 使用者介面中非常常見，可以用來增加自定義的行為模式及
選項，在 Activity 底下的 menu API 可以提供完整的呈現，而且通常都是放對該
應用程式有全域影響性質的動作選項，例如：搜尋、設定。在 Android3.0 版本
以上選單的項目都會成現在最上方的 Action Bar。

在 XML 中定義選單

Android 提供在 XML 來定義選單項目，不必在 Activity 底下建立，在 Activity 只
需要編寫選單的程序，XML 檔內用 <item> 標籤來定義外觀及行為，當中重要
的屬性有

◆ android:id：自身 ID 屬性

◆ android:icon：可以加上 icon 變成按鈕

- android:title：選項在裝置上的名稱

- android:showAsAction：呈現在 Action Bar 或是選單內

首先要在 res 目錄中建立一個 menu 的資料夾，然後創建一個 XML 檔叫做" mymenu.xml"

- 創建的 XML 檔會自動形成 menu 標籤，只要在裡面新增 item 的標籤，就等於在 menu 上增加選項

- showAsAction 是 item 在 menu 上面顯示的方式，其中包含 :"ifRoom"、"never"、"withText"、"always"、"collapseActionView"

  - ifRoom：如果空間足夠便顯示在 Menu 上

  - never：只會出現在選項選單內

  - withText：如果空間足夠便在 Menu 上顯示並加上 Title

  - always：一定會出現在 Menu 上，但如果項目太多可能導致重疊

  - collapseActionView：項目與子項目可重疊

```xml
<?xml version="1.0" encoding="utf-8"?>
<menu xmlns:android="http://schemas.android.com/apk/res/android"
    xmlns:app="http://schemas.android.com/apk/res-auto">

    <item
        android:id="@+id/refresh_id"
        android:title="Refresh"
        app:showAsAction="never"
        />

    <item
        android:id="@+id/help_id"
        android:title="Help"
        app:showAsAction="ifRoom"
        />
</menu>
```

- Android 很貼心的幫使用者處理好方法了，所以只要在 Activity 裡輸入 onCreateOptionsMenu 便可選取方法

- 再來就是宣告 MenuInflater 然後將 menu 資料夾底下 mymenu 的 XML 檔傳入

```
@Override
public boolean onCreateOptionsMenu(Menu menu) {
   MenuInflater inflater = getMenuInflater();
   inflater.inflate(R.menu.mymenu,menu);
   return super.onCreateOptionsMenu(menu);
}
```

◆ 最後就是幫每個選單的項目設定功能，一樣要先在 Activity 裡面增加
  onOptionsItemSelected 方法

◆ 用 switch 語法找到每個 item 的 ID，並且各別做功能，用 Toast 出各自的
  Title 來模擬

```
@Override
public boolean onOptionsItemSelected(MenuItem item) {
   switch (item.getItemId()){
      case R.id.refresh_id:
         Toast.makeText(MainActivity.this ,"Refresh" ,Toast.LENGTH_
LONG).show();
         return true;
      case R.id.help_id:
         Toast.makeText(MainActivity.this ,"Help" ,Toast.LENGTH_LONG).
show();
         return true;
      default:
         return super.onOptionsItemSelected(item);
   }
}
```

◆ 首先的 Refresh 是設定 never，所以會跑到右上選項裡面，而 Help 選項因為
  設定 ifRoom，而空間剛好足夠，所以會顯示在 Menu 上

◆ 按下 Refresh 之後會跑出 Toast 的訊息，代表功能可執行

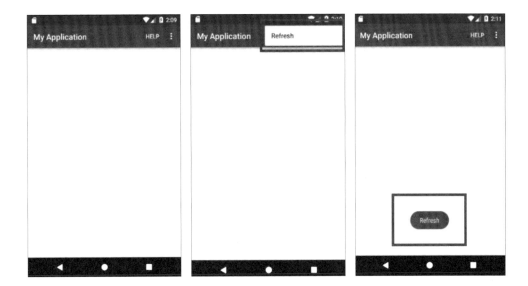

Context Menu

contextmenu 是一個長按特定 View 後會出現的浮動選單，讓使用者可以對選項做進一步處理，ContextMenu 的運作原理就是呼叫 registerForContextMenu() 方法並且把 View 傳入，override onCreateContextMenu() 和 onContextItemSelected() 來定義選單項目

* onCreateContextMenu()：建立長按浮動選單

* onContextItemSelected()：選擇選項後的動作

用 ListView 清單來做 ContextMenu 的範例

MainActivity.XML 建立 ListView

```
<ListView
    android:layout_width="match_parent"
    android:layout_height="match_parent"
    android:id="@+id/myListView"/>
```

在 menu 資料夾新增 XML 檔叫做 mycontextmenu.xml，item 標籤設計 Context Menu 要顯示的內容，並加上 ID 屬性

```xml
<?xml version="1.0" encoding="utf-8"?>
<menu xmlns:android="http://schemas.android.com/apk/res/android">

   <item
      android:title="Delete"
      android:id="@+id/delete_id" />
   <item
      android:title="Edit"
      android:id="@+id/edit_id" />
</menu>
```

MainActivity 宣告 ListView、ArrayAdapter 及陣列

```java
private ListView LV1;
private ArrayAdapter<String> arrayAdapter;
private String[] listname={"First" ,"Second" ,"Third"};
```

- ◆ onCreate 裡面找到 ListView 的 ID

- ◆ 設定 ArrayAdapter

- ◆ 將 LV1 設定 Adapter

- ◆ registerForContextMenu(LV1) 就是將 LV1 整個 View 導入 ContextMenu 中

```java
LV1=(ListView)findViewById(R.id.myListView);
arrayAdapter = new ArrayAdapter(this ,android.R.layout.simple_list_item_1
,listname);
LV1.setAdapter(arrayAdapter);
registerForContextMenu(LV1);
```

onCreateContextMenu() 方法來建立 ContextMenu 的產生，雖然方法不同，但其實跟上一部分的 Menu 差不多

```java
@Override
public void onCreateContextMenu(ContextMenu menu,View v ,ContextMenu.
ContextMenuInfo menuInfo) {
   super.onCreateContextMenu(menu ,v ,menuInfo);
   MenuInflater inflater = getMenuInflater();
   inflater.inflate(R.menu.mycontextmenu ,menu);
}
```

onContextItemSelected() 方法來編譯按下浮動選單每個選項後的動作，一樣透過 switch、case 找到選項的 ID，在方法中處理。

```
@Override
public boolean onContextItemSelected(MenuItem item) {
    AdapterView.AdapterContextMenuInfo info = (AdapterView.
AdapterContextMenuInfo)item.getMenuInfo();
    switch (item.getItemId()){
        case R.id.delete_id:
            Toast.makeText(MainActivity.this ,"Delete  "+arrayAdapter.
getItem(info.position) ,Toast.LENGTH_LONG).show();
            return true;
        case R.id.edit_id:
            Toast.makeText(MainActivity.this ,"Edit  "+arrayAdapter.
getItem(info.position) ,Toast.LENGTH_LONG).show();
            return true;
        default:
            return super.onContextItemSelected(item);
    }
```

LongClick First 這個選項後就會跑出剛剛設計的 ContextMenu，按下 Delete 後 Toast 出 Delete 及對應的 item。

對話框 Dialog

AlertDialog

相信在用手機的時候常常會看見對話框（AlertDialog），AlertDialog 是一種小型的視窗，通常會比畫面小一點不會覆蓋整個版面，並且有強制回應的特性，不論是提示功能或是輸入確認對話框都少不了它，而通常是透過 AlertDialog 的內部類別 Builder 來創建及設定，首先來嘗試最簡單的顯示對話框吧。

* 利用 AlertDialog.Builder 來宣告變數

* 並且可以自己設計對話框的標題 (Title) 以及內容 (Message)

* 最後用 show() 將對話框顯示出來

```
AlertDialog.Builder builder = new AlertDialog.Builder(MainActivity.this);
builder.setTitle("Android");
builder.setMessage("Welcome");
AlertDialog showDialog = builder.create();
showDialog.show();
```

由於直接在 onCreate 底下編寫，打開模擬器執行時對話框會直接跳出對話框。

可以稍微再進階一點點，試著新增一個按鈕，點擊後產生一個對話框

* 首先宣告 Button

```
private Button ClickButton;
```

* 在 onCreate 裡面將宣告的 Button 變數對應到 XML 檔設計的 Button ID

```
ClickButton=(Button)findViewById(R.id.button01);
```

* 幫此 Button 設計監聽器，並將對話框的程式碼輸入在監聽器內，如此一來當按下按鈕時會執行裡面的語法，跑出設計的對話框

```
ClickButton.setOnClickListener(new View.OnClickListener() {
    @Override
    public void onClick(View view) {
        AlertDialog.Builder builder = new AlertDialog.Builder(MainActivity.
this);
```

```
        builder.setTitle("Android");
        builder.setMessage("Welcome");
        builder.show();
    }
});
```

確認式對話框

上述提到的 AlertDialog 都是單純在對話框顯示字串，但是如果要將 AlertDialog 設計成一個強制回應的對話框，就必須要在上面擺放 Button 和自定義的版面配置，一個 AlertDialog 最多可以放置 3 個 Button 在上面 (不一定都要放)，且三個按鈕的位置都是固定的，分別是

- setPositiveButton() 右邊

- setNegativeButton() 中間

- setNeutralButton() 左邊

接續上面的題目，直接在按鈕的監聽器內練習看看放入按鈕吧

- 首先要多新增一個語法叫做 builder.setCancelable();，這個語法就是讓使用者是否強制進行操作，若為 false，將沒辦法透過返回鍵或是點選空白處來取消對話框

- setIcon 可以為對話框在 Tilte 旁加上 Icon

- 設計按鈕宣告的 builder. 按鈕位置 (" 按鈕顯示的名子 ", 按鈕的監聽器)

- 監聽器內 dialogInterface.dismiss(); 為關閉對話框

- 按鈕的顏色預設值都是 colorAccent(【 res → value → colors.xml 】)，直接修改便可

```
builder.setCancelable(false);
builder.setIcon(android.R.drawable.sym_def_app_icon);
builder.setPositiveButton("Positive" ,new DialogInterface.
OnClickListener() {
    @Override
    public void onClick(DialogInterface dialogInterface ,int i) {
        dialogInterface.dismiss();
    }
});
```

```
builder.setNegativeButton("Negative" ,new DialogInterface.
OnClickListener() {
    @Override
    public void onClick(DialogInterface dialogInterface ,int i) {
        dialogInterface.dismiss();
    }
});

builder.setNeutralButton("Neutral" ,new DialogInterface.OnClickListener() {
    @Override
    public void onClick(DialogInterface dialogInterface ,int i) {
        dialogInterface.dismiss();
    }
});
```

選擇式對話框

在多選一的情況下（通常為 4 個以上）可以利用 setItems() 語法來列出陣列，
而且出現的每個選項按下後就等於選擇完畢，以下為你示範選擇式對話框的
用法。

選擇式對話框的選項通常都是用陣列來傳入，所以需要宣告一個陣列，以下用
水果當範例

```
private String[] fruits={"apple" ,"orange" ,"banana" ,"lemon"};
```

接下來：

◆ 宣告一個 AlertDialog 叫做 builder

◆ 把標題設為 Select fruit

◆ 返回鍵無效，強制完成選項

◆ setItems 並且將宣告的 fruits 陣列導入，並將每個選項都設監聽器

◆ 在監聽器裡面，當按下任何一個選項，會發出一個 Toast 訊息為 "You select"
  加上你點選的水果陣列名稱，當中 fruit[i] 就是你點選的選項

◆ 最後將上面編寫的 AlertDialog 執行出來

```
AlertDialog.Builder builder = new AlertDialog.Builder(MainActivity.this);
builder.setTitle("Select fruit");
builder.setCancelable(false);
builder.setItems(fruits ,new DialogInterface.OnClickListener() {
   @Override
   public void onClick(DialogInterface dialogInterface ,int i) {
      Toast.makeText(MainActivity.this ,"You select "+fruits[i] ,Toast.
LENGTH_SHORT).show();
   }
});

AlertDialog showDialog = builder.create();
showDialog.show();
```

選擇式對話框

單選確認對話框

選擇式對話框有一個缺點就是一旦點選就會繼續下一步驟，沒辦法更改，單選確認彌補了這個缺點，使用者在按下確認前都可以任意修改選擇，做法其實大同小異，只是這次配合了 Dialog 的 Button，並且用 setSingleChoiceItems() 來設計選單。

這次除了宣告選項的陣列外，另外宣告一個整數（int）變數（num）來存放勾選的選項號碼

```
private String[] fruits={"apple" ,"orange","banana","lemon"};
private int num;
```

接下來：

- ◆ 宣告一個 AlertDialog 叫做 builder
- ◆ 設計對話框標題
- ◆ setSingleChoiceItems() 將 fruits 的陣列導入，並設定監聽器
- ◆ 當按下任何選項時，將變數 num= 選擇的項目在陣列中的位置，如此一來就可以在這個監聽器以外傳遞選擇的項目

```
AlertDialog.Builder builder = new AlertDialog.Builder(MainActivity.this);
builder.setTitle("Select fruit");
builder.setSingleChoiceItems(fruits,0,new DialogInterface.
OnClickListener() {
    @Override
    public void onClick(DialogInterface dialogInterface,int i) {
        num=i;
    }
});
```

繼續進行

- ◆ 建立確認按鈕和監聽器，透過 num 找到剛剛選擇第幾個選項，並且用 Toast 訊息顯示
- ◆ 建立取消按鈕和監聽器，按下後直接關閉對話框
- ◆ 最後將設計的 AlertDialog show 出來就完成了

```
builder.setPositiveButton(" 確定 " ,new DialogInterface.OnClickListener() {
   @Override
   public void onClick(DialogInterface dialogInterface ,int i) {
       Toast.makeText(MainActivity.this ,"You select "+fruits[num] ,
Toast.LENGTH_SHORT).show();
   }
});

builder.setNegativeButton(" 取消 " ,new DialogInterface.OnClickListener() {
   @Override
   public void onClick(DialogInterface dialogInterface ,int i) {
       dialogInterface.dismiss();
   }
});

AlertDialog showDialog = builder.create();
showDialog.show();
```

複選式對話框

複選式對話框顧名思義透過勾選，通常用在可以選擇 2 個或以上的選項，
setMultiChoiceItems() 可以代替完成，相較先前的對話框不一樣的地方是需要再
加入一個 boolean 陣列來判斷項目有沒有被勾選，boolean 通常用來當判斷值，
只有 true 或 false 兩種結果，在此用來判斷項目是否被選擇。除了項目的 String
陣列之外，另外還需要加入 boolean 的陣列叫做 isChecked。

宣告一個陣列清單叫做 checknum，將他在陣列中的位置存入勾選的項目

```
private String[] fruits={"apple" ,"orange" ,"banana" ,"lemon"};
private boolean[] isChecked;
private ArrayList<Integer> checknum = new ArrayList<>();
```

◆ 先將 isChecked 這個 boolean 陣列長度改成跟 fruits 陣列的長度一樣，因為有幾個項目就需要幾個 boolean 值來判斷是否勾選

◆ setMultiChoiceItems() 將 fruits 和 isChecked 陣列導入，並新增監聽器

◆ if(Checked) 表示如果按下勾選這個動作，而 boolean 是因為導入監聽器所以變成 Checked 的

◆ if(!checknum.contains(i)) 用來判斷 checknum 陣列裡面是否出現 i 變數代表的數字，而 "!" 代表的是 " 非 " 的意思，所以這行的意思為：如果 checknum 陣列中沒有出現 i 變數的話，checknum 陣列就加入 i 變數，如果有出現就 remove（移除）i 變數

```
isChecked = new boolean[fruits.length];
builder.setMultiChoiceItems(fruits ,isChecked ,new DialogInterface.
OnMultiChoiceClickListener() {
   @Override
   public void onClick(DialogInterface dialogInterface ,int i ,boolean
Checked) {
      if(Checked){
         if(!checknum.contains(i)){
            checknum.add(i);
         }else {
            checknum.remove(i);
         }
      }
   }
});
```

接下來：

◆ 設計確認按鈕，在監聽器內宣告一個字串叫做 selectItems

◆ 用一個迴圈來將剛剛選擇的項目加入 selectItems 的字串中，迴圈大小要設計成選擇的選項數量，所以就是 checknum 的陣列大小

- fruits[checknum.get(n)] 看似複雜，其實只是 fruits[checknum 的值]，就等於有勾選的項目，然後把他們都加入到空字串中，最後再用 Toast 訊息將 selectItems 整個字串輸出，就完成了

```
builder.setPositiveButton("確定",new DialogInterface.OnClickListener() {
    @Override
    public void onClick(DialogInterface dialogInterface ,int i) {
        String selectItems = "";
        for(int n=0 ; n<checknum.size() ; n++){
            selectItems = selectItems + "    " +fruits[checknum.get(n)];
        }
        Toast.makeText(MainActivity.this,"You select:"+selectItems,Toast.
LENGTH_LONG).show();
    }
});
```

自訂對話框

自訂對話框就是可以透過 XML 格式檔來自行編排版面，版面配置的彈性大且不侷限於單純的選項類別，首先要創建一個新的 XML，接著就來嘗試做一個登入畫面吧。

首先創造一個新的 XML 後，要放兩個 EditText 來輸入帳號及密碼，大小及顏色都可以自行定義，並且不要忘了幫 EditText 加上 ID 屬性。

```xml
<EditText
    android:id="@+id/editText1"
    android:layout_width="300dp"
    android:layout_height="35dp"
    android:layout_gravity="center"
    android:layout_marginTop="20dp"
    android:background="#ffffff"
    android:hint="Account"
    android:inputType="textEmailAddress" />

<EditText
    android:id="@+id/editText2"
    android:layout_width="300dp"
    android:layout_height="35dp"
    android:layout_gravity="center"
    android:layout_marginTop="20dp"
    android:background="#ffffff"
    android:hint="Password"
    android:inputType="textPassword" />
```

就跟先前的一樣要宣告一個 AlertDialog，並且宣告一個 View 然後傳入 XML 檔的名稱，不要忘了要用 R.layout. 檔名。

再來就是宣告兩個 EditView 並且找到對應的 id，在自定義 Dialog 的情況下，findViewById 要在宣告的 View 底下才能夠正常運作

```java
final AlertDialog.Builder builder = new AlertDialog.Builder(MainActivity.
this);
final View myview = getLayoutInflater().inflate(R.layout.dialog_layout ,null);
final EditText account =(EditText) myview.findViewById(R.id.editText1);
EditText password = (EditText) myview.findViewById(R.id.editText2);
```

放置兩個按鈕，分別是登入和離開按鈕，登入按鈕在按下後，會將在 account 的 EditText 輸入的文字用 Toast 顯示出來，離開的話就只是單純結束對話框

```java
builder.setPositiveButton(" 登入 " ,new DialogInterface.OnClickListener() {
    @Override
    public void onClick(DialogInterface dialogInterface ,int i) {
        Toast.makeText(MainActivity.this ,"Welcome  " + account.getText().
toString(),Toast.LENGTH_LONG).show();
```

```
    }
});

builder.setNegativeButton(" 離開 " ,new DialogInterface.OnClickListener() {
    @Override
    public void onClick(DialogInterface dialogInterface ,int i) {
        dialogInterface.dismiss();
    }
});
```

最後很重要的一個點，必須將連接 Layout 的 myview 設定成對話框的版面配置，最後就可以顯示出來了

```
builder.setView(myview);
AlertDialog showDialog = builder.create();
showDialog.show();
```

▌簡短訊息 Toast

Toast 是一個快速傳遞小訊息的元件，不用做任何動作就會在數秒後自動消失，在不顯眼卻又不會不注意到的地方 (打字區塊上方)，傳遞類似 " 已保存 " 之類的相關小訊息，使用 Toast 訊息最簡單的方法就是直接呼叫 Toast 的靜態方法 makeText() 傳遞三個參數，使用方法為：

```
Toast.makeText(Context ,顯示字串 ,顯示時間長短 ).show();
```

顯示時間長短分別為

◆ Toast.LENGTH_LONG 顯示時間較長

```
Toast.LENGTH_SHORT 顯示時間較短
Toast.makeText(MainActivity.this ,"My Toast" ,Toast.LENGTH_LONG).show();
```

自定義的 Toast 就跟自定對話框一樣，都需要一個新的 XML 檔來當做顯示，意思就是可以直接在 XML 檔完成要呈現的 Toast 長甚麼樣子

首先創造一個 XML 檔叫做 toast（可以自己設定），在 LinearLayout 裡面也需要增加一個 ID 屬性，接下來就可以自行設定想要的 Toast 外觀。

```
<LinearLayout xmlns:android="http://schemas.android.com/apk/res/android"
    xmlns:app="http://schemas.android.com/apk/res-auto"
    android:orientation="vertical"
    android:layout_width="match_parent"
    android:layout_height="match_parent"
    android:id="@+id/toast"
    android:background="#c7c7c7">

    <ImageView
        android:id="@+id/imageView"
        android:layout_width="match_parent"
        android:layout_height="wrap_content"
        app:srcCompat="@mipmap/ic_launcher" />

    <TextView
        android:id="@+id/textView"
        android:layout_width="match_parent"
        android:layout_height="wrap_content"
        android:textSize="30dp"
        android:gravity="center"
        android:text="My custom toast" />

</LinearLayout>
```

跟自訂的 Dialog 一樣宣告一個 View，並將 XML 的檔名和 LinearLayout 的 ID 傳入，宣告一個 Toast 然後設定顯示的時間長短，最後將 myView 設定成 Toast 的畫面就可以 show() 出來。

```
View myView = getLayoutInflater().inflate(R.layout.toast '
(ViewGroup)findViewById(R.id.toast));
Toast myToast =new Toast(getApplicationContext());
myToast.setDuration(Toast.LENGTH_LONG);
myToast.setView(myView);
myToast.show();
```

ProgressBar

ProgressDialog 是一個模組對話框，用來防止使用者操作應用程序，在上面可
以新增一個取消鍵，進度的範圍為 0~Max，但目前在 API 26 建議停止使用，所
以來介紹替代的 ProgressBar 可以顯示用戶任務的進度，馬上來嘗試看看。

在 XML 檔新增 ProgressBar 還有一個顯示進度的 TextView，並且加上 ID 屬性：

```
<ProgressBar
    android:layout_width="wrap_content"
    android:layout_height="wrap_content"
    android:id="@+id/progress01"
    android:layout_gravity="center"/>
<TextView
    android:layout_width="wrap_content"
    android:layout_height="wrap_content"
    android:id="@+id/TextView01"
    android:layout_gravity="center"/>
```

除了宣告 ProgressBar 和 TextView 之外，還需要一個變數來存放進度的數字，
並且宣告一個 handler，Handler 是用來派遣工作給 Thread，利用來更新工作進
度的變數。

```
private ProgressBar myprogressBar;
private TextView mytextView;
private int progressnum=0;
private Handler handler = new Handler();
```

為 ProgressBar 和 TextView 找到對應的 ID，並且把 myprogressBar 設定為消失
狀態。

```
myprogressBar=(ProgressBar) findViewById(R.id.progress01);
mytextView=(TextView)findViewById(R.id.TextView01);
myprogressBar.setVisibility(View.GONE);
```

接下來：

- ◆ 在 Button 的 onClick 底下，當按下按鈕時把 myprogressBar 顯示出來

- ◆ 建立一個 Thread 來替 handler 工作，如果 progressnum（程序進度）小於
  100 時，每隔 100 毫秒（0.1 秒）就 +1（此處為模擬程序在執行），並將
  mytextView 顯示目前進度 / 全部進度

- ◆ 最 後 當 progressnum 到 達 100 時， 再 把 myprogressBar 隱 藏 起 來，
  mytextView 顯示 Done

- ◆ 別忘了最後要加上 start(); 才能執行

```
myprogressBar.setVisibility(View.VISIBLE);
new Thread(new Runnable() {
   @Override
   public void run() {
       while (progressnum<100){
           progressnum+=1;
           handler.post(new Runnable() {
               @Override
               public void run() {
                   mytextView.setText(progressnum+"/"+myprogressBar.
getMax());
               }
           });
           try{
               Thread.sleep(100);
           }catch (InterruptedException e){
               e.printStackTrace();
           }
       }

       while (progressnum==100){
           handler.post(new Runnable() {
               @Override
               public void run() {
                   myprogressBar.setVisibility(View.GONE);
                   mytextView.setText("Done");
               }
           });
       }
   }
}).start();
```

搜尋 Search

Android 提供了搜尋的框架，使用者可以透過搜尋來找到可用的任何數據，且不管是在設備或是 Internet 上，Android 的搜尋有兩種框架，分別為在螢幕最上方的搜尋對話框和可以在版面佈局內的 SearchView。

Search 功能提供了

- 語音搜尋

- 最近查詢

- 建議搜尋結果最匹配數據

- 系統範圍內提供應用程式搜尋的建議

Search 可以在指定的資料範圍內透過關鍵字找到資料，最常用到的就是在 ListView 中尋找資料，那麼就來練習做一個 ListView 的搜尋。

直接放置 ListView 的元件到 activity_main.xml 中：

```
<ListView
    android:id="@+id/myListView"
    android:layout_width="match_parent"
    android:layout_height="match_parent" />
```

由於叫多筆的資料才能顯現出 Search 功能的實用，所以要透過【app →
res → values → strings.xml 】來儲存的 ListView 陣列資料，以下拿 colors 來做
示範

```
<string-array name="colors">
    <item>red</item>
    <item>orange</item>
    <item>yellow</item>
    <item>green</item>
    <item>blue</item>
    <item>purple</item>
    <item>black</item>
    <item>white</item>
    <item>pink</item>
    <item>gray</item>
    <item>brown</item>
    <item>golden</item>
    <item>silver</item>
</string-array>
```

欲做出一個在 ActionBar 上方的 Search Icon 點選後才出現搜尋，就要在 menu
上面新增 Search 的 Item，若不太熟可以在前面章節「選單 Menu」學習，【app
→ res 新增資料夾 menu 】並且新增 mymenu.xml，直接在裡面加上 <item> 搜
尋的 icon

```
<item
    android:id="@+id/mysearch"
    android:title="search"
    app:showAsAction="always"
    android:icon="@drawable/ic_action_search"
    app:actionViewClass="android.widget.SearchView" />
```

在整個 MainActivity 的 class 宣告一個字串的 ArrayAdapter

```
ArrayAdapter<String> adapter;
```

接下來：

- 首先在 onCreate 先宣告 ListView

- 宣告一個陣列清單叫做 ArrayColors

- 將剛剛在 strings.xml 的陣列傳入 ArrayColors

◆ 之後就可以把剛剛的陣列設定在 adapter 就好了

```
ListView LV = (ListView)findViewById(R.id.myListView);
ArrayList<String> ArrayColors = new ArrayList<>();
ArrayColors.addAll(Arrays.asList(getResources().getStringArray(R.array.
colors)));
adapter = new ArrayAdapter<String>(MainActivity.this ,android.R.layout.
simple_list_item_1 ,ArrayColors);
LV.setAdapter(adapter);
```

再來：

◆ 新增一個函數 onCreateOptionsMenu()

◆ inflater 的目的是將設定好的 Layout 轉成 View 使用，所以 inflater.inflate(R.
menu.mymenu ,menu) 就可以把設計的 menu 套用至 MainActivity

◆ 宣告 menu 裡面的 Search item

◆ 宣告一個 SearchView 為點擊 items(Search 的 icon) 時出現

◆ 將 mySearchView 設定輸入文字時的監聽器 setOnQueryTextListener()

```
@Override
public boolean onCreateOptionsMenu(Menu menu){
    MenuInflater inflater=getMenuInflater();
    inflater.inflate(R.menu.mymenu,menu);
    MenuItem items = menu.findItem(R.id.mysearch);
    SearchView mySearchView = (SearchView)items.getActionView();

    mySearchView.setOnQueryTextListener()
    .
    .
    .

        return super.onCreateOptionsMenu(menu);
}
```

重點

◆ setOnQueryTextListener() 監聽器內有兩個函數，onQueryTextSubmit() 是輸入文字並且要按下確認才會執行的方法，onQueryTextChange() 是只要有改變輸入的內容就會執行，通常會使用第二種來方便找到建議選項

- filter 就像數據過濾器，在 onQueryTextChange() 方法內讓 adapter 找到與輸入字串相符的數據

```
mySearchView.setOnQueryTextListener(new SearchView.OnQueryTextListener() {
    @Override
    public boolean onQueryTextSubmit(String s) {
        return false;
    }

    @Override
    public boolean onQueryTextChange(String s) {
        adapter.getFilter().filter(s);

        return false;
    }
});
```

6

執行緒與非同步任務

Thread

背景執行緒

Timer / TimerTask

AsyncTask

Thread

應用程式會以一個相同的 Process 與 Main Thread，也就是使用者介面 UI Thread 來處理此應用程式下的所有元件。這個 Thread 在應用程式中相當重要，它會負責把事件分配給適當的介面元件 (包括繪製事件)，同時也負責應用程式與 Android UI 元件組中的元件互動，也因此被稱為 UI Thread。

應用程式裡系統並不會為每個元件建立個別的 Thread，同一個 Process 下的所有的元件都會使用 UI Thread 來實體化，被系統呼叫的元件事件將由 UI Thread 進行分配 (如上圖)。例如：當畫面上的元件被點擊，應用程式的 UI Thread 會將點擊事件分配給被點擊的元件，接著設定此元件的按下狀態。

➤ Worker Thread

當應用程式有多個要處理的任務，可是應用程式卻只有單一 Thread，這樣可能會造成任務阻塞。因為處理任務的流程是線性的，意味著如果前個任務需要長時間操作，諸如網路相關任務或資料運用，Thread 會被封鎖起來，當 Thread 遭到封鎖時會無法分配任何事件，也就是後面的任務將無法進行。此時畫面會閒置不動，當 Thread 封鎖長達數秒，就會向使用者顯示的「應用程式沒有回應」，這將造成糟糕的使用者體驗。

在這裡舉個簡單的例子，一般狀況下當使用者進入 ListView 的版面，如果這個 ListView 所要的資料是從外部載入 (網路資料) 且資料量相當龐大，在短時間內無法完成處理，這樣在這段時間內 ListView 不但無法顯示資料，使用者也無法進行操作，因為 UI Thread 被下載資料任務給佔住導致無法操作。所以才會需要額外的 Thread 來處理這個任務，任務在這個 Worker Thread 進行處理，而不影響 UI Thread 的工作。

使用 Worker Thread 之前必須遵守一些規則，請不要透過非 UI Thread 來操作 UI，意為 UI 的所有操作作業都必須從 UI Thread 來執行。

1. 不要封鎖 UI Thread

2. 不要從 UI Thread 以外的位置存取 Android UI 工具組

➤ 建立 Thread

範例將使用到網路功能，請先在 AndroidManifest.xml 裡新增以獲取網路權限。

```
<uses-permission android:name="android.permission.INTERNET" />
```

由於上述規則 Woker Thread 無法直接對 View 進行操作，所以必須建立一個 android.os.Handler 類別來對 UI 控件進行處理。如下，繼承了一個 Handler 類別的 ExampleHandler，之後只要在 Woker Thread 裡調用 ExampleHandler 的 sendEmptyMessage() 填入 Message 序列，就會觸發 handleMessage() 方法，就能將 Thread 處理好的 Bitmap 設定給 ImageView。

```
private class ExampleHandler extends Handler {

    @Override
    public void handleMessage(Message msg) {
        imageView.setImageBitmap(bitmap);
    }
}
```

使用 Woker Thread 必須繼承 (extends)java.lang.Thread 類別，並且實行生命週期 run() 方法。切記根據之前提到的兩個規則，千萬不要在這裡使用 UI 物件。在這個 ExampleThread 裡處理從網路上下載圖片，首先定義建構方法需傳入網址字串指定為 imUrl，建立 URL 物件並指定 imUrl 為要下載網址，使用 HttpURLConnection 建立連線，InputStream 接收串流資料，最後將資料轉換為 bitmap 的圖片格式。

```
public class ExampleThread extends Thread {
    String imUrl;

    ExampleThread(String imUrl){
        this.imUrl = imUrl;
    }

    @Override
    public void run() {
        try
        {
            URL url = new URL(imUrl);
            HttpURLConnection connection = (HttpURLConnection) url.
openConnection();
```

```
            connection.setDoInput(true);
            connection.connect();
            InputStream input = connection.getInputStream();
            bitmap = BitmapFactory.decodeStream(input);
            exampleHandler.sendEmptyMessage(0);

        }
        catch (IOException e)
        {
            e.printStackTrace();
        }
    }
}
```

建構物件填入圖片網址，並調用具有生命週期特徵的 start()，如果使用一般方法調用 run() 則不具備生命週期特徵。

```
ExampleThread exampleThread = new ExampleThread("URL");
exampleThread.start();
```

除了自訂義類別繼承 (extends)java.lang.Thread 外，還能實做 (implements)java.lang.Runnable 介面的類別實作。這樣處理的優點在於此自定義類別還能夠繼承其他父類別，相對於上述繼承java.lang.Thread 的方式，就無法繼承其他父類別。

```
public class ExampleRunnable implements Runnable {

    @Override
    public void run() {

    }
}
```

由於一個 Runnable 物件實體並非 Thread，需要建立一個 Thread 物件，將 Runnable 傳入做為這 Thread 的實體來建構。

```
ExampleRunnable exampleRunnable = new ExampleRunnable();
Thread thread = new Thread(exampleRunnable);
thread.start();
```

此時已將任務放置 run() 中並執行，應用程式是能夠正常運行且無任何錯誤。不過，它仍然違反了不要在 UI Thread 外進行操作，這樣可能產生未定義且預期外的行為，不但難以追蹤且耗費時間，除了使用 Handler 外 Android 還提供可從其他執行緒存取 UI 執行緒的方法。

- Activity.runOnUiThread(Runnable)

- View.post(Runnable)

- View.postDelayed(Runnable，long)

例如使用 View.post 來修正，上面的 imageView 將改變成：

```
imageView.post(new Runnable() {
    public void run() {
        imageView.setImageBitmap(bitmap);
    }
});
```

背景執行緒

任何一個 Thread 類別物件實體，在 Android 中都被視為背景執行緒，有別於 Main Thread(UI Thread) 為前景執行緒。前景執行緒只會有一個，而背景執行緒可能產生多個。

通常 UI Thread 的表現方式是由 Activity 來負責處理，而背景執行緒可能會從 Activity 的生命週期中分支出來，如果沒有特別去處理該分支出來的執行緒，該分支的執行緒將會在背景中持續執行，而會因為 Activity 進入死亡狀態而受到影響，此一觀念一樣存在於下一個單元的 Timer/TimerTask。

以一段範例程式來進行觀察。

在 MainActivity 中加上一個內部類別的 MyThread，繼承 Thread，並 Override 其 run() 方法，並在其中執行一段迴圈敘述，迴圈中印出變數 i 值，並進入到 sleep 狀態，呼叫 Thread.sleep()，休眠一分鐘。在尚未完成之前，使 Activity 在執行狀態下按下 Back，來觀察執行緒的運作，則將持續運作。

```
package tw.brad.ch06_thread;

import android.os.Bundle;
import android.support.v7.app.AppCompatActivity;
import android.util.Log;

public class MainActivity extends AppCompatActivity {

    @Override
    protected void onCreate(Bundle savedInstanceState) {
        super.onCreate(savedInstanceState);
        setContentView(R.layout.activity_main);

        new MyThread().start();
    }

    private class MyThread extends Thread {
        @Override
        public void run() {
            for (int i=0; i<20; i++){
                Log.i("brad"," i = " + i);
                try {
                    Thread.sleep(1 * 1000);
                } catch (InterruptedException e) {
                    e.printStackTrace();
                }
            }
        }
    }
}
```

Timer / TimerTask

在應用程式中有時會需要固定時間間隔內執行某一個任務,比如 UI 控件隨著時間進行改變,諸如此類的週期循環性任務,都可以使用 java.util.Timer 類別物件來總管所有不同的時間相關任務。而能被 Timer 物件進行託管的任務,必須是 java.util.TimerTask 類別的物件。由於 TimerTask 是一個抽象類別,只能用來自定義類別,並 override 其 run() 來實行要執行的任務工作。

Timer 與 Thread 的處理模式是完全不同,Timer 物件負責時間控管,而且只負責時間任務控制,任務的內容則與時間毫無相關,只需工作任務的內容即可。

建立 Timer 物件實體。

```
Timer timer = new Timer();
```

Timer 也 是 個 Thread，使 用 schedule 來 完 成 對 TimerTask 調 用，也 就 是 說 Timer 物 件 使 用 一 次 schedule 調 用 TimerTask 就 是 建 立 了 一 個 Thread，多 個 TimerTask 能 夠 共 用 同 個 Timer，使 用 Timer 物 件 的 cancel() 則 能 夠 將 這 個 Thread 終 止，但 是 共 用 這 個 Timer 的 所 有 TimerTask 都 將 被 終 止，如 果 只 想 終 止 一 個 TimerTask 則 使 用 TimerTask 物 件 的 cancel()。

調用已建立的 TimerTask 物件實體，time 為一個 int 變數，做為這個 TimerTask 每幾毫秒執行一次的基準。

```
timer.schedule(timerTask,time);
```

實行 TimerTask 抽象類別。

```
public class EampleTimerTask extends TimerTask
{
    @Override
    public void run() {

    }
}
```

由於 Timer 是個 Thread，那麼它也就要遵守之前所述的規則，無法對 View 進行 操作，必須運用 Hander 來完成對 UI 控件的工作，在已實行的 TimerTask 抽象 類別裡調用 sendEmptyMessage() 來進行 View 的工作。

```
private class ExampleTimerHandler extends Handler {
    @Override
    public void handleMessage(Message msg) {

    }
}
```

終止整個 Timer

```
timer.cancel();
```

終止單一個 TimerTask

```
timerTask.cancel();
```

AsyncTask

關於 UI Thread 與 Worker Thread 之間的通信問題，之前介紹了 Android.os.Handler、View.post 等機制，在 Android 中還提供了 AsyncTask 這個方便、容易使用的 UI Thread。AsyncTask 也稱做異步任務，在 UI Thread 運行的時候執行非同步工作，它將工作分成兩部分，一部分在 Worker Thread 上完成，而另一部分在 UI Thread 上完成，當 Worker Thread 完成時將結果返回給 UI Thread 來更新 View。

當自定義一個類來繼承 AsyncTask 的時候，需指定三個泛型類參數：

AsyncTask<Params,Progress,Result>

◆ Params：傳遞給 doInBackground() 執行時的參數類型。

◆ Progress：當 doInBackground() 執行中將進度回傳給 UI Thread 的參數類型。

◆ Result：doInBackground() 完成任務時回傳給 UI Thread 的參數類型。

如果三個泛型類參數都不指定，則都將其寫成 Void。指定完泛型類參數後，接著來 Override 它的方法，這些方法也可看做它的四個運作階段：

◆ onPreExecute()：此方法在執行 AsyncTask 前在 UI Thread 中啟用，在這裡撰寫準備工作，對 UI 控件的初始化操作，例如：畫面上顯示進度表。

◆ doInBackground()：當 onPreExecute() 的準備工作執行完成後，Android 系統將開啟一個 Worker Thread 來執行此方法，這此方法中撰寫想執行的任務，切記因為此方法是在 Worker Thread 中執行請不要對 UI 控件操作，能執行網絡當中獲取數據等一些耗時的操作。

◆ onProgressUpdate()：在 doInBackground() 執行時，將執行的進度返回給我們的 UI 介面。只要在 doInBackground () 中調用一個 publishProgress() 方法，將進度傳遞給 onProgressUpdate() 在 UI Thread 中做更新。

◆ onPostExecute()：doInBackground() 完成後，就會將 Result 返回給這個方法並在 UI Thread 中執行，在這裡進行 UI 控件的操作來顯示結果。

以下載網路上的圖片為例，只需使用到 doInBackground() 與 onPostExecute 兩個方法即可，因為此範例只需要在 Woker Thread 進行網路下載工作，並在 UI Thread 進行 UI 控件操作，不需要使用到傳送進度。

建立 AsyncTask 子類別

```
private class ExampleAsyncTask extends AsyncTask<String,Void,Bitmap>
{

    @Override
    protected void onPreExecute()
    {
        super.onPreExecute();

    }

    @Override
    protected Bitmap doInBackground(String... params) {

        try
        {
            URL url = new URL(params[0]);
            HttpURLConnection connection = (HttpURLConnection) url.
openConnection();
            connection.setDoInput(true);
            connection.connect();
            InputStream input = connection.getInputStream();
            Bitmap bitmap = BitmapFactory.decodeStream(input);
            return bitmap;
        }
        catch (IOException e)
        {
            e.printStackTrace();
            return null;
        }
    }

    @Override
    protected void onProgressUpdate(Void... values)
    {
        super.onProgressUpdate(values[0]);
    }

    @Override
    protected void onPostExecute(Bitmap result)
```

```
    {
        super.onPostExecute(result);
        imageView.setImageBitmap(result);
    }
}
```

在 UI Thread 中呼叫 execute() 來執行工作

```
new ExampleAsyncTask().execute("URL");
```

7

儲存存取機制

在專案運作過程中，除了專案原始碼加上專案資源檔案編譯為 .apk 之後，當使用者在執行 app 的時候會需要將相關資料進行儲存及使用時，就將是本章節所要探討的資料儲存存取機制。

有以下幾個主要的面向來進行探討：

◆ 使用者的偏好設定

◆ 專屬於 app 的檔案資料

◆ 可以共用的檔案資料

偏好設定

在應用程式中，通常會將使用者的個人化相關設定進行儲存，以便於下次應用程式啟動時直接使用，這樣的做法讓使用者能夠順暢的操作應用程式，不需每次開啟後還要進行相關設定。例：使用者帳戶、音效開啟狀態、遊戲記錄等。

android.content.SharedPreferences 類別提供一個簡易的方式來儲存應用程式的設定值，針對基本類型的 key-value 成對的名稱資料進行存取機制的架構，利用該類別所構建的物件提供讀取及寫入這些配對的簡單方法，可以存取的基本類型有 boolean、float、int、long 及字串物件類型的資料。

要使用 SharedPreferences 來建立新的設定檔案或存取既有的設定檔案，可以呼叫 SharedPreferences 所提供的兩種方法其中之一：

◆ getSharedPreferences(name ,mode)：此方法適用於使用多個偏好設定檔案，根據名稱進行識別，可以從應用程式中的任何 Context 呼叫此方法。使用該方法需傳入兩個參數：

第一個參數為自定義的儲存檔案名稱，如果指定的名稱不存在，則會在存取同時自動建立儲存檔案。

第二個參數為指定的操作模式，通常預設為 MODE_PRIVATE(0)，意思是此資料為私有資料內容，只能被應用程式本身存取。

SharedPreferences sharedPref = getSharedPreferences("Key",MODE_PRIVATE);

- getPreferences()：從 Activity 使用此方法來針對使用一個偏好設定檔案，此方法預設偏好設定檔案，因此不需自定義名稱來辨識，只需要傳入指定的操作模式的參數。

```
SharedPreferences sharedPref = getPreferences(MODE_PRIVATE);
```

若要寫入偏好設定檔案，請呼叫使用 SharedPreferences 的類別物件的 edit() 方法，以建立 SharedPreferences.Editor。接著呼叫使用 SharedPreferences.Editor 物件的 putXxx 諸如 putInt() 及 putString() 等方法寫入的索引鍵與值，然後呼叫 commit() 以儲存變更。

```
SharedPreferences.Editor editor = sharedPref.edit();
editor.putString("SharedPreferences","data");
editor.commit();
```

若要取用偏好設定檔案，呼叫使用以建立的 SharedPreferences.Editor 物件呼叫 getXxx 諸如 getInt() 與 getString() 等方法，然後提供索引鍵來獲取所想要的值。

```
String value = sharedPref.getString("SharedPreferences","defaultValue");
```

通常在一個專案中，只需要建立一個 SharedPreferences 物件實體即可，而 SharedPreferences.Editor 物件也一樣，放在 Application 物件中的屬性，其所屬的 Activity 或是 Service 都可以直接呼叫存取，而不需要多重的建立物件實體。

先建立一個 MainApp 類別，繼承 Application。並宣告兩個私有屬性 SharedPerferences，及其 Editot。在 onCreate() 方法中取得兩個物件實體，假設有三個偏好設定的屬性，分別是 username、stage 及 sound，則提供了三個 public 的方法進行取得資料，以及三個 public 的方法來進行寫出。

```
package tw.brad.ch07_preferencetest;

import android.app.Application;
import android.content.SharedPreferences;

/**
 * Created by brad on 2017/10/14.
 */

public class MainApp extends Application {
    private SharedPreferences sharedPreferences;
```

```
    private SharedPreferences.Editor editor;

    @Override
    public void onCreate() {
        super.onCreate();
        sharedPreferences = getSharedPreferences("game.data",MODE_
PRIVATE);
        editor = sharedPreferences.edit();
    }

    public String getUserName(){
        return sharedPreferences.getString("username","guest");
    }
    public int getStage(){
        return sharedPreferences.getInt("stage",0);
    }
    public boolean isPlaySound(){
        return sharedPreferences.getBoolean("sound",true);
    }

    public void setUserName(String username){
        editor.putString("username",username);
        editor.commit();
    }
    public void setStage(int stage){
        editor.putInt("stage",stage);
        editor.commit();
    }
    public void setPlaySound(boolean isPlaySound){
        editor.putBoolean("sound",isPlaySound);
        editor.commit();
    }
}
```

這樣的處理模式，必須在 AndroidManifest.xml 中註記上去。

```
<?xml version="1.0" encoding="utf-8"?>
<manifest xmlns:android="http://schemas.android.com/apk/res/android"
    package="tw.brad.ch07_preferencetest">

    <application
        android:name=".MainApp"
        android:allowBackup="true"
        android:icon="@mipmap/ic_launcher"
        android:label="@string/app_name"
```

```xml
            android:roundIcon="@mipmap/ic_launcher_round"
            android:supportsRtl="true"
            android:theme="@style/AppTheme">
            <activity android:name=".MainActivity">
                <intent-filter>
                    <action android:name="android.intent.action.MAIN" />

                    <category android:name="android.intent.category.LAUNCHER"
/>
                </intent-filter>
            </activity>
        </application>

</manifest>
```

就可以在其所屬的 Activity 或是 Service 中進行存取。

```java
package tw.brad.ch07_preferencetest;

import android.support.v7.app.AppCompatActivity;
import android.os.Bundle;

public class MainActivity extends AppCompatActivity {
    private MainApp mainApp;

    @Override
    protected void onCreate(Bundle savedInstanceState) {
        super.onCreate(savedInstanceState);
        setContentView(R.layout.activity_main);

        mainApp = (MainApp)getApplication();

        // 取得資料
        String username = mainApp.getUserName();
        int stage = mainApp.getStage();
        boolean isPlaySound = mainApp.isPlaySound();


        // 更新資料
        mainApp.setUserName("Brad");
        mainApp.setStage(7);
        mainApp.setPlaySound(false);

    }
}
```

Java I/O

應用程式大部分需要處理一些輸入，並由輸入產生一些輸出，Java 為了處理這些資料的讀寫，提供了 java.io 的 Package，Java 的操作類別都被存放在此 Package 中。

先講解 stream 的概念，stream 也稱為串流是一種抽象表述，它是實現輸入與輸出的基礎，串流用來表述不同的輸入 / 輸出源，例如檔案、網路連接等，借由串流的方式能夠存取不同輸入 / 輸出源。

根據流的方向不同，為兩種相對的串流

◆ 輸入 (input) 串流、輸出 (output) 串流

而根據處理的單位不同則為另兩種串流：

◆ 位元組（byte）串流、字元（char）串流

在這裡介紹 java.io 裡最為常使用幾個類別：

◆ 用於操作位元組的 InputStream 和 OutputStream：最基本的位元組輸入、輸出串流，定義了所有輸入、輸出串流的共同特徵，為所有輸入、輸出串流的父類別。

◆ 用於操作字元的 Writer 和 Reader：提供了一系列用於字元串流處理的通道。

◆ 用於操作磁碟的 File 和 RandomAccessFile：使用於檔案特徵與管理，可以從任何位置對檔案進行輸入、輸出的操作。

上述介紹的皆為抽象類別，它們只定義了 I/O 裡的基礎方法，不涉及具體實現，需要其他串流封裝來實現其功能。例：這裡使用 FileInputStream 封裝 InputStream 來選擇某個檔案進行輸入的操作。

```
InputStream inputStream = new FileInputStream(new File(" 檔案路徑 "))
```

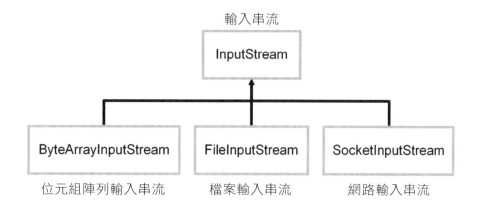

輸入串流

InputStream

ByteArrayInputStream	FileInputStream	SocketInputStream
位元組陣列輸入串流	檔案輸入串流	網路輸入串流

專案專屬空間存取

在應用程式執行中,當需要針對使用者相關的檔案進行存取,而這種類型的檔案的特性,通常是僅針對應用程式使用而已,例如程式中的物件序列化檔案,當下次執行該應用程式的時候,或是使用者手動暫停後繼續執行,可以讀取該物件解序列化檔案,繼續之前的執行過程等等。主要的觀念在於該類型的檔案是配合應用程式才有作用,當使用者解除安裝之後,這類型的檔案就沒有存在的意義,那就非常適用使用內部檔案存取機制。千萬別與應用程式的照相功能或是錄音功能所產生的檔案存取機制搞混,因為相片檔案或是其他類似型態檔案,使用者利用應用程式產生之後,還是可以透過其他應用程式進行存取,那種檔案存取機制就是屬於外部共用檔案存取。本小節的檔案與上一節的偏好設定一樣,是存放在專案專屬的內存空間。

處理程序

建立及寫出內部檔案到裝置的儲存空間之基本程序:

呼叫 Context 的 openFileOutput() 方法,傳回一個 java.io.FileOutputStream 物件實體。以 java.io.FileOutputStream 物件實體的 write() 方法進行資料寫入裝置的儲存空間。

寫入完成之後,呼叫 java.io.FileOutputStream 物件實體的 flush() 方法將資料流從緩衝區清出,在呼叫 close() 方法關閉檔案輸出串流。

呼叫 openFileOutput() 方法，可以傳遞兩個參數決定不同寫出模式：

- MODE_PRIVATE：每次寫出會刪除原來內容。

- MODE_APPEND：每次寫出會保留原內容，而從檔案尾端開始寫出。

以上方法雖然沒有寫入任何資料，一旦執行之後，就已經會產生指定的檔案 /data/data/<Package-Name>/files/MyData.txt，檔案大小為 0。

接著進行文字資料寫出，呼叫 FileOutputStream 物件實體的 write() 方法，將欲寫出的資料轉成 byte 陣列型態，傳遞參數寫出即可。

以下範例實際進行兩種不同模式的存取，並以相同的讀取方式取出檔案內容。

先處理基本版面配置。

```xml
<?xml version="1.0" encoding="utf-8"?>
<LinearLayout
    xmlns:android="http://schemas.android.com/apk/res/android"
    android:layout_width="match_parent"
    android:layout_height="match_parent"
    android:orientation="vertical"
    >

    <Button
        android:layout_width="match_parent"
        android:layout_height="wrap_content"
        android:text="Write (Private Mode)"
        android:onClick="write1"
        />
    <Button
        android:layout_width="match_parent"
        android:layout_height="wrap_content"
        android:text="Write (Append Mode)"
        android:onClick="write2"
        />
    <Button
        android:layout_width="match_parent"
        android:layout_height="wrap_content"
        android:text="Read"
        android:onClick="read"
        />

    <TextView
        android:id="@+id/mesg"
```

```
        android:layout_width="wrap_content"
        android:layout_height="wrap_content"
        />

</LinearLayout>
```

回到 MainActivity.java

```
package tw.brad.ch07_innerio;

import android.os.Bundle;
import android.support.v7.app.AppCompatActivity;
import android.view.View;
import android.widget.TextView;

import java.io.BufferedReader;
import java.io.FileInputStream;
import java.io.FileOutputStream;
import java.io.IOException;
import java.io.InputStreamReader;

public class MainActivity extends AppCompatActivity {
    private TextView mesg;

    @Override
    protected void onCreate(Bundle savedInstanceState) {
        super.onCreate(savedInstanceState);
        setContentView(R.layout.activity_main);

        mesg = (TextView)findViewById(R.id.mesg);
    }

    public void write1(View view){
        String data = "Hello,World\n";
        try {
            FileOutputStream fout = openFileOutput("MyData.txt",MODE_
PRIVATE);
            fout.write(data.getBytes());
            fout.flush();
            fout.close();
        } catch (java.io.IOException e) {
            e.printStackTrace();
        }
    }
```

```
    public void write2(View view){
        String data = "Hello,World\n";
        try {
            FileOutputStream fout = openFileOutput("MyData.txt",MODE_
APPEND);
            fout.write(data.getBytes());
            fout.flush();
            fout.close();
        } catch (java.io.IOException e) {
            e.printStackTrace();
        }

    }

    public void read(View view){
        try {
            FileInputStream fin = openFileInput("MyData.txt");
            BufferedReader reader =
                    new BufferedReader(new InputStreamReader(fin));
            String line = null;
            StringBuilder builder = new StringBuilder();
            while ( (line = reader.readLine()) != null){
                builder.append(line + "\n");
            }
            mesg.setText(builder);
        } catch (IOException e) {
            e.printStackTrace();
        }
    }
}
```

以上的專案專屬空間的資料，以及偏好設定的資料檔案，都會與專案 app 共存。
只要使用者將專案移除，這些資料都將會隨著一併被移除，或是使用者在行動
裝置端的設定中，將 app 的資料清除。例如下圖中的 CLEAR DATA 的按鈕。

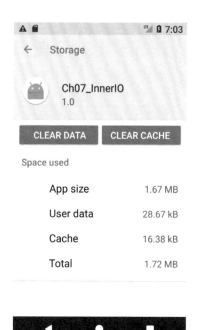

共用空間存取機制

上一節介紹了專案專屬內部儲存空間,相對的空間就是行動裝置整個的共用空間,在早期的 Android 開發觀念上的 SD Card,但是目前的技術,大多已經將記憶體進行磁區分割的原理,多半不再需要外接 SD Card,就有足夠的儲存空間可以運用。在共用儲存空間裡存放的檔案,通常屬於檔案格式是一般性的共用格式,也就這些檔案能夠與其它應用程式共用,也能夠讓使用者在電腦中存取檔案,諸如相片、音樂,PDF 文件等。

而共用空間資料的存取,將有可能涉及存取使用者隱私資料;因此,在 Android 6.0(API Level 23+)之後,必須在執行階段再度要求使用者給予 app 的權限,才得以進行存取。這部分將在本單元後續詳細說明。

Environment

Environment 類別提供該行動裝置相關的環境資訊以供程式開發運用。

取得外部共用空間的根路徑。

```
File extRoot = Environment.getExternalStorageDirectory();
Log.i("brad","external: " + extRoot.getAbsolutePath());
```

因為 Android 的廠牌機種眾多，各家處理的方式各有不同，千萬不要以絕對路徑字串內容來進行處理，而應以 File 物件相對路徑方式處理。

```
        File alarmsPath = new File(extRoot,Environment.DIRECTORY_ALARMS);
        File dcimPath = new File(extRoot,Environment.DIRECTORY_DCIM);
        File docPath = new File(extRoot,Environment.DIRECTORY_DOCUMENTS);
        File downloadPath = new File(extRoot,Environment.DIRECTORY_
DOWNLOADS);
        File moviePath = new File(extRoot,Environment.DIRECTORY_MOVIES);
        File musicPath = new File(extRoot,Environment.DIRECTORY_MUSIC);
        File notificationPath = new File(extRoot,Environment.DIRECTORY_
NOTIFICATIONS);
        File picPath = new File(extRoot,Environment.DIRECTORY_PICTURES);
        File podcastPath = new File(extRoot,Environment.DIRECTORY_
PODCASTS);
        File ringPath = new File(extRoot,Environment.DIRECTORY_RINGTONES);
```

或是

```
        File alarmsPath = Environment.getExternalStoragePublicDirectory(
            Environment.DIRECTORY_ALARMS);
        File dcimPath = Environment.getExternalStoragePublicDirectory(
            Environment.DIRECTORY_ALARMS);
        File docPath = Environment.getExternalStoragePublicDirectory(
            Environment.DIRECTORY_DOCUMENTS);
        File downloadPath = Environment.getExternalStoragePublicDirecto
ry(
            Environment.DIRECTORY_DOWNLOADS);
        File moviePath = Environment.getExternalStoragePublicDirectory(
            Environment.DIRECTORY_MOVIES);
        File musicPath = Environment.getExternalStoragePublicDirectory(
            Environment.DIRECTORY_MUSIC);
        File notificationPath = Environment.getExternalStoragePublicDirect
ory(
            Environment.DIRECTORY_NOTIFICATIONS);
        File picPath = Environment.getExternalStoragePublicDirectory(
            Environment.DIRECTORY_PICTURES);
        File podcastPath = Environment.getExternalStoragePublicDirectory(
            Environment.DIRECTORY_PODCASTS);
        File ringPath = Environment.getExternalStoragePublicDirectory(
            Environment.DIRECTORY_RINGTONES);
```

呼叫使用 getExternalStorageState() 傳回現在外部儲存空間的狀態，在接收到狀態後來辨別為何種狀態。

- Environment.MEDIA_MOUNTED：外部儲存空間存在且正常掛載。

- Environment.MEDIA_REMOVED：外部儲存空間不存在。

- Environment.MEDIA_UNMOUNTED：外部儲存空間但沒有掛載，在系統中刪除。

- Environment.MEDIA_MOUNTED_READ_ONLY：外部儲存空間存在，且正常掛載但只能讀取。

- Environment.MEDIA_UNMOUNTABLE：外部儲存空間存在但無法正常掛載。

```java
public boolean isExternalStorage() {
    String state = Environment.getExternalStorageState();
    if (Environment.MEDIA_MOUNTED.equals(state)) {
        return true;
    }
    return false;
}
```

應用程式使用權限

對於使用者使用應用程式而言，部分的操作行為必須讓使用者知道認知將會使用到的相關權限。而這樣的宣告使用，將會放在 AndroidManifest.xml 中。例如：

```xml
<?xml version="1.0" encoding="utf-8"?>
<manifest xmlns:android="http://schemas.android.com/apk/res/android"
    package="tw.brad.ch07_outterio">

    <uses-permission android:name="android.permission.READ_EXTERNAL_
STORAGE" />
    <uses-permission android:name="android.permission.WRITE_EXTERNAL_
STORAGE" />

    <application
        android:allowBackup="true"
        android:icon="@mipmap/ic_launcher"
        android:label="@string/app_name"
        android:roundIcon="@mipmap/ic_launcher_round"
        android:supportsRtl="true"
```

```
        android:theme="@style/AppTheme">
        <activity android:name=".MainActivity">
            <intent-filter>
                <action android:name="android.intent.action.MAIN" />

                <category android:name="android.intent.category.LAUNCHER"
/>
            </intent-filter>
        </activity>
    </application>

</manifest>
```

而這樣的宣告處理，將會在使用者下載安裝之前被告知。通常，對於大部分的
使用者而言都將略過而不太在意。因此，再度將使用權限區分成為一般權限及
危險權限。一般權限只需要在 AndroidManifest.xml 中進行宣告設定即可。而危
險權限則必須在執行階段詢問使用者的開放意願，經過允許之後才得已使用。

以下為危險權限列表：

權限群組	個別權限
CALENDAR	◆ READ_CALENDAR ◆ WRITE_CALENDAR
CAMERA	◆ CAMERA
CONTACTS	◆ READ_CONTACTS ◆ WRITE_CONTACTS ◆ GET_ACCOUNTS
LOCATION	◆ ACCESS_FINE_LOCATION ◆ ACCESS_COARSE_LOCATION
MICROPHONE	◆ RECORD_AUDIO
PHONE	◆ READ_PHONE_STATE ◆ CALL_PHONE ◆ READ_CALL_LOG ◆ WRITE_CALL_LOG ◆ ADD_VOICEMAIL ◆ USE_SIP ◆ PROCESS_OUTGOING_CALLS

權限群組	個別權限
SENSORS	• BODY_SENSORS
SMS	• SEND_SMS • RECEIVE_SMS • READ_SMS • RECEIVE_WAP_PUSH • RECEIVE_MMS
STORAGE	• READ_EXTERNAL_STORAGE • WRITE_EXTERNAL_STORAGE

依照上表資料，本單元的檔案存取就是 STORAGE 中的兩個權限 READ_EXTERNAL_STORAGE 及 WRITE_EXTERNAL_STORAGE，因此必須進行執行階段危險權限的取得。

執行階段危險權限

需要運用到以下類別：

◆ Manifest：提供權限定義的字元串。

◆ PackageManager：提供應用程式是否擁有權限的辨別。

◆ ActivityCompat：提供要求使用者權限的類別方法。

定義一常數名稱，當應用程式 onRequestPermissionsResult() 來作為回呼處理。

```
private static final int REQUEST_EXTERNAL_STORAGE = 1;
```

使用 ActivityCompat.checkSelfPermission() 取得目前權限的狀態，傳入 2 個參數：

◆ 目前 Context

◆ 權限定義的字元串

```
int permission = ActivityCompat.checkSelfPermission(
this,
Manifest.permission.WRITE_EXTERNAL_STORAGE);
```

PackageManager 下 2 個語法來辨別應用程式是否擁有權限：

- PERMISSION_GRANTED：已擁有權限

- PERMISSION_DENIED：無權限

如果應用程式尚未擁有權限則呼叫使用 ActivityCompat 下的 requestPermissions()
方法，向使用者要求權限，傳入 3 個參數：

- 目前 Context

- 要求權限的字元串數組

- 本次請求的辨識編號

```
if (permission != PackageManager.PERMISSION_GRANTED) {
    // 未取得權限，向使用者要求允許權限
    ActivityCompat.requestPermissions(
this,
new String[]{
Manifest.permission.WRITE_EXTERNAL_STORAGE,
Manifest.permission.READ_EXTERNAL_STORAGE
},
            REQUEST_EXTERNAL_STORAGE);
}else{
    // 已有權限，可進行工作


}
```

最後在 onRequestPermissionsResult() 設定使用者回應完後的後續操作。

```
public void onRequestPermissionsResult(int requestCode,String[]
permissions,int[] grantResults) {
    switch(requestCode) {
        case REQUEST_EXTERNAL_STORAGE:
            if (grantResults[0] == PackageManager.PERMISSION_GRANTED) {
                // 取得聯絡人權限，進行工作

            } else {
                // 使用者拒絕權限，顯示對話框告知

            }
            return;
    }
}
```

實際運作為例。首先，先確認是已經取得危險權限。在 if 判斷式中，透過 ContextCompat 類別的 checkSelfPermission() 方法，針對已經在 AndroidManifest.xml 中使用權限中的特定危險權限 Manifest.permission.XXX 進行檢查，依照該方法傳回值是否等於 PackageManager.PERMISSION_GRANTED 決定是否已經授權。

```java
    @Override
    protected void onCreate(Bundle savedInstanceState) {
        super.onCreate(savedInstanceState);
        setContentView(R.layout.activity_main);

        if (ContextCompat.checkSelfPermission(this,
                Manifest.permission.READ_EXTERNAL_STORAGE)
                != PackageManager.PERMISSION_GRANTED ||
                ContextCompat.checkSelfPermission(this,
                    Manifest.permission.READ_EXTERNAL_STORAGE)
                    != PackageManager.PERMISSION_GRANTED) {
            // 尚未獲得授權
            // 詢問使用者，要求授權
            ActivityCompat.requestPermissions(this,
                    new String[]{
                            Manifest.permission.READ_EXTERNAL_STORAGE,
                            Manifest.permission.WRITE_EXTERNAL_STORAGE
                    },
                    0);

        }else{
            // 已經取得授權
            init();
        }

    }
    private void init(){
        // 程式正式從此處開始
    }
```

再來針對使用者的互動詢問進行處理。

```java
    @Override
    public void onRequestPermissionsResult(int requestCode,@NonNull
String[] permissions,@NonNull int[] grantResults) {
        super.onRequestPermissionsResult(requestCode,permissions,
grantResults);
```

```
    // 使用者回應狀況
    if (grantResults.length > 0
            && grantResults[0] == PackageManager.PERMISSION_GRANTED) {
        init();
    }
}
```

進行共用空間檔案資料存取

此時，就可以依照 Java I/O 處理機制進行資料存取。以下針對 Documents 資料夾進行檔案存取為例。

版面配置處理：

```xml
<?xml version="1.0" encoding="utf-8"?>
<LinearLayout xmlns:android="http://schemas.android.com/apk/res/android"
    android:layout_width="match_parent"
    android:layout_height="match_parent"
    android:orientation="vertical"
    >
    <Button
        android:layout_width="match_parent"
        android:layout_height="wrap_content"
        android:text="test1"
        android:onClick="test1"
        />
    <Button
        android:layout_width="match_parent"
        android:layout_height="wrap_content"
        android:text="test2"
        android:onClick="test2"
        />
    <Button
        android:layout_width="match_parent"
        android:layout_height="wrap_content"
        android:text="read"
        android:onClick="test3"
        />

    <TextView
        android:id="@+id/mesg"
        android:layout_width="match_parent"
        android:layout_height="wrap_content"
        />

</LinearLayout>
```

在 MainActivity.java 中，以兩種不同的方式進行寫出，一種方式是永遠以目前的
資料作為檔案最新的內容，另一種方式則是以 Append 模式添加在檔案末端的
方式。

```java
package tw.brad.ch07_outterio;

import android.Manifest;
import android.content.pm.PackageManager;
import android.os.Bundle;
import android.os.Environment;
import android.support.annotation.NonNull;
import android.support.v4.app.ActivityCompat;
import android.support.v4.content.ContextCompat;
import android.support.v7.app.AppCompatActivity;
import android.util.Log;
import android.view.View;
import android.widget.TextView;

import java.io.BufferedReader;
import java.io.File;
import java.io.FileInputStream;
import java.io.FileOutputStream;
import java.io.InputStreamReader;

public class MainActivity extends AppCompatActivity {
    private File docPath;
    private TextView mesg;

    @Override
    protected void onCreate(Bundle savedInstanceState) {
        super.onCreate(savedInstanceState);
        setContentView(R.layout.activity_main);

        if (ContextCompat.checkSelfPermission(this,
                Manifest.permission.READ_EXTERNAL_STORAGE)
                != PackageManager.PERMISSION_GRANTED ||
                ContextCompat.checkSelfPermission(this,
                        Manifest.permission.READ_EXTERNAL_STORAGE)
                        != PackageManager.PERMISSION_GRANTED) {
            // 尚未獲得授權
            // 詢問使用者，要求授權
            ActivityCompat.requestPermissions(this,
                    new String[]{
                            Manifest.permission.READ_EXTERNAL_STORAGE,
                            Manifest.permission.WRITE_EXTERNAL_STORAGE
```

```
                    },
                    0);

        }else{
            // 已經取得授權
            init();
        }

    }

    @Override
    public void onRequestPermissionsResult(int requestCode,@NonNull
String[] permissions,@NonNull int[] grantResults) {
        super.onRequestPermissionsResult(requestCode,permissions,grantRes
ults);
        // 使用者回應狀況
        if (grantResults.length > 0
                && grantResults[0] == PackageManager.PERMISSION_GRANTED) {
            init();
        }
    }

    private void init(){
        // 程式正式從此處開始
        mesg = (TextView)findViewById(R.id.mesg);

        docPath = Environment.getExternalStoragePublicDirectory(
                Environment.DIRECTORY_DOCUMENTS
        );

        if (!docPath.exists()){
            docPath.mkdirs();
        }
    }

    public void test1(View view){
        String data = "Hello,World\n";
        File myData = new File(docPath,"MyData.txt");
        try {
            FileOutputStream fout =
                    new FileOutputStream(myData);
            fout.write(data.getBytes());
            fout.flush();
            fout.close();
        } catch (Exception e) {
            e.printStackTrace();
```

```
        }

    }
    public void test2(View view){
        String data = "Hello,World\n";
        File myData = new File(docPath,"MyData.txt");
        try {
            FileOutputStream fout =
                    new FileOutputStream(myData,true);
            fout.write(data.getBytes());
            fout.flush();
            fout.close();
        } catch (Exception e) {
            e.printStackTrace();
        }


    }

    public void test3(View view){
        File myData = new File(docPath,"MyData.txt");
        try {
            BufferedReader reader =
                    new BufferedReader(
                            new InputStreamReader(
                                    new FileInputStream(myData)));
            String line;
            StringBuilder builder = new StringBuilder();
            while ((line = reader.readLine()) != null){
                builder.append(line + "\n");
            }
            reader.close();
            mesg.setText(builder);
        }catch(Exception e){
            Log.i("brad",e.toString());
        }


    }

}
```

專案專屬檔案放在共用空間

對於行動裝置而言，共用儲存空間往往較內存儲存空間要大許多，如果檔案的特性是屬於專案專屬檔案，沒有 app 的存在也就沒有存在的意義，但是又想要存放在空間較大的共用空間時，則可以放在以下程式中的 privatePath 之下。

```
File root = Environment.getExternalStorageDirectory();
File privatePath = new File(root,"Android/" + getPackageName() +
"/");
if (!privatePath.exists()){
    privatePath.mkdirs();
}
```

一但專案被移除，該資料夾下的所有檔案也將會被移除掉。

SQLite 資料庫

開發應用程式運用的資料庫系統來處理大量資料，使用 SQL 查詢語法可以迅速地過濾出想要的資料，這應該是資料庫系統有別於一般檔案輸入輸出的優勢，一樣是存放資料，但是放在資料庫中的資料比較具有使用上的意義，而以一般檔案存放資料的缺點就是查詢過濾的複雜性與效能性遠低於資料庫。Android 完全支持 SQLite 資料庫系統。

建立合約類別

當建立資料庫時會針對資料庫組織方式做正式宣告，使用 SQL 陳述式來反映這個資料庫的結構描述。為了方便管理資料庫的結構描述，建立合約類別能以系統化的自我記錄方式，反映這個資料庫的結構描述。例：當您想修改某個欄位名稱，只要在建立的合約類別裡進行修改，然後將其傳播到全部程式碼中。

一個合約類別的普遍寫法，是將整個資料庫的全域定義置於類別的根層級，然後再對表格建立內部類別來管理。如下建立一個表格的名稱與其欄位名稱。

```
public class MyContract {

    public MyContract() {}

    public static abstract class MyTable1 implements BaseColumns {
        public static final String TABLE_NAME = "cust";
        public static final String COLUMN_NAME_NAME = "name";
        public static final String COLUMN_NAME_TEL = "title";
        public static final String COLUMN_NAME_BIRTHDAY = "birthday";
    }
}
```

建立資料庫輔助類別物件

自行開發一個子類別繼承 SQLiteOpenHelper 類別，用於建立資料庫與資料表。

實作方式如下：

- Override：onCreate(SQLiteDatabase db)

- Override：onUpgrade(SQLiteDatabase db,int oldVersion,int newVersion)

- 定義建構式 MyDbHelper(Context context)

```
public class MyDbHelper extends SQLiteOpenHelper {

    public MyDbHelper(Context context ,int version) {
        super(context,DATABASE_NAME,null,version);
```

```
    }

    @Override
    public void onCreate(SQLiteDatabase db) {
        db.execSQL(SQL_CREATE_ENTRIES);
    }

    @Override
    public void onUpgrade(SQLiteDatabase db,int oldVersion,int newVersion)
{
        db.execSQL(SQL_DELETE_ENTRIES);
        onCreate(db);
    }

}
```

將之前建立的合約類別 import 進來然後在類別底下建立維護資料庫的陳述式，如建立資料庫、刪除資料庫、資料庫版本以及資料庫的名稱等。

```
public static final String DATABASE_NAME = "MyDbHelper.db";

private static final String TEXT_TYPE = " TEXT";
private static final String DATE_TYPE = " DATE";
private static final String COMMA_SEP = ",";

private static final String SQL_CREATE_ENTRIES =
        "CREATE TABLE " + MyTable1.TABLE_NAME + " (" +
                MyTable1._ID + " INTEGER PRIMARY KEY," +
                MyTable1.COLUMN_NAME_NAME + TEXT_TYPE + COMMA_SEP +
                MyTable1.COLUMN_NAME_TEL + TEXT_TYPE + COMMA_SEP +
                MyTable1.COLUMN_NAME_BIRTHDAY + DATE_TYPE + COMMA_SEP +
                " )";
private static final String SQL_DELETE_ENTRIES = "DROP TABLE IF EXISTS " +
MyTable1.TABLE_NAME;
```

操作資料庫

首先宣告 MyDbHelper 與 SQLiteDatabase 物件實體

```
private MyDbHelper myDbHelper;
private SQLiteDatabase database;
```

接著呼叫使用 MyDbHelperget 物件方法 getReadableDatabase() 或是 getWritableDatabase() 回傳 SQLiteDatabase 物件存放在 database 變數。兩者的差異在於使用者的儲存空間不足的情況之下，getReadableDatabase() 仍然可以開啟使用，只是處在唯讀的模式，一旦使用者釋放出足夠的儲存空間，則又可以開始進行讀寫模式；而 getWritableDatabase() 則在使用者的儲存空間不足的情況之下，直接拋出 Exception，開發者將會針對該 Exception 進行 try…. catch 的開發結構來處理。

```
myDbHelper = new MyDbHelper(this,1);
database = myDbHelper.getReadableDatabase();
```

新增資料

呼叫 ContentValues 物件實體的 put(Key,Value) 方法包裝資料，將字串字元當作其 Key，而資料值放在第二的參數傳遞。然後將包裝好的資料傳遞給 SQLiteDatabase 物件實體的 insert() 方法，可將資料插入至資料庫。

SQLiteDatabase 物件實體的 insert()，傳第三個參數：

◆ 資料表名稱

◆ null：通常設定為 null

◆ 資料內容

```
ContentValues values = new ContentValues();
values.put(MyTable1.COLUMN_NAME_NAME,"Neo");
values.put(MyTable1.COLUMN_NAME_TEL,"0999-123456");
values.put(MyTable1.COLUMN_NAME_BIRTHDAY,"2000-12-12");

long newRowId;
newRowId = database.insert(MyTable1.TABLE_NAME,null,values);
```

可以建立 long 變數來獲取新增的資料 ID，也可以不用直接使用 database. insert();

查詢資料

查詢剛剛新增的資料，若要對資料庫進行讀取需要呼叫使用 SQLitDatabase 物件實體的 query 方法，在完成查詢後 query() 會回傳 Cursor 物件實體。

query() 傳遞六個參數來進行查詢操作：

- ◆ 資料表名稱

- ◆ 查詢條件式

- ◆ 查詢條件值字元串

- ◆ 對行進行分組

- ◆ 按行組過濾

- ◆ 排列順序

這裡撰寫最簡單也最常用的查詢語法：SELECT * FROM cust。這裡查詢語法只需用到資料表名稱，其餘的參數如果不需使用的話只需填入 null。

```
Cursor c = database.query( MyTable1.TABLE_NAME,null,null'null,
null,null,null);
```

使用 Cursor 物件實體的方法來對查詢的資料進行操作：

- ◆ moveToNext()：使查詢指針往下一筆資料移動，當沒任何資料時回傳 false。
- ◆ getCount()：傳回查詢結果的資料筆數。
- ◆ getColumnIndex()：指定查詢域名，傳回其結果字串的 index。
- ◆ getString()：指定字串 index，傳回該筆資料內容。

如下，將查詢到的資料內容裡欄位名稱為合約類別的 COLUMN_NAME_NAME 值顯示在畫面上。

```
while (c.moveToNext()) {
    textView.append(c.getString(c.getColumnIndex(MyTable1.COLUMN_NAME_
NAME)));
}
```

刪除資料

直接呼叫使用 SQLiteDatabase 物件實體的 delete()，傳遞三個參數：

◆ 資料表名稱

◆ 查詢條件式

◆ 查詢條件值字元串數組

以下列 SQL 語法為例：

DELETE FROM cust WHERE name like 'Neo'

則會寫成：

```
database.delete(
                MyTable1.TABLE_NAME,
                MyTable1.COLUMN_NAME_NAME + " =  ? ",
                new String[] { "Neo" });
```

修改資料

直接呼叫使用 SQLiteDatabase 物件實體的 update()，傳遞 4 個參數：

◆ 資料表名稱

◆ 修改的資料內容

◆ 查詢條件式

◆ 查詢條件值字元串數組

以下列 SQL 語法為例：

UPDATE cust SET name = 'Morpheus' WHERE name = 'Neo'

如下實作：

```
ContentValues values = new ContentValues();
values.put(MyTable1.COLUMN_NAME_NAME,"Morpheus");

database.update(
                MyTable1.TABLE_NAME,
                 values,
                MyTable1.COLUMN_NAME_NAME,
                 new String[] {"Neo"});
```

8

內容提供者與解析器

LinearLayout

共享資料內容應用模式

ContentProvider 也稱為內容供應者是一種標準介面,為 Android 系統下讓不同應用程式共享資料的模式,透過對資料的存取權、壓縮資料以及提供其他應用程式訪問資料的通道,ContentProvider 為各個應用程式間搭建橋梁,實現應用程式間資料共享的模式。例如,某應用程式透過 ContentProvider 獲取裝置的聯絡人資料。

如果想以使用者端的身份與 ContentProvider 通訊來獲取資料,需使用應用程式的 Context 中的 ContentResolver,透過 ContentResolver 實體對象來間接操作 ContentProvider 獲取資料。如下,藉由應用程式的 Context.getContentResolver() 來取得 ContentResolver。

```
ContentResolver cr = getContentResolver();
```

ContentProvider 的 URI

在系統內會有許多 ContentProvider,這些 ContentProvider 為了能明確分辨,每個 ContentProvider 都具有一個能夠標示自己資料集的 URI,如果一個 ContentProvider 內有多個資料集,則每個資料集也都會被分配一個獨立的 URI。

URI 分為 3 段,使用系統內建聯絡人資料的 URI 解析 content://contacts/people:

- content://:通訊協定,代表此 URL 是由 ContentProvider 進行管理。

- contacts:代表由哪個 ContentProvider 提供這些資料。

- people:代表存取的資料表名稱。

類似於資料庫觀念中,有一個 contacts 資料庫,其中有一個 people 資料表。

android.provider 套件中也提供了相關類別來代表 Android 系統內建的 URI,在這裡提出幾個較為常使用到的類別。

- ContactsContract：聯絡人的相關資料

- Browser：瀏覽器的相關資料

- CallLog：通話的相關資料

- MediaStore：媒體檔案的相關資料

- Settings：裝置設定和使用者偏好設定相關資料

取得 ContentProvider 提供的資料

ContentResolver 方法中提供建立、查詢、更新、刪除等基本功能「CRUD」，使用者端的 ContentResolver 物件以及提供者端的 ContentProvider，兩者會自動處理通訊，例如調用使用者端的 ContentResolver 所提供的 query() 方法，此 query() 會呼叫提供者端 ContentProvider 的 query() 進行查詢，查詢完成後將 Cursor 回傳給 ContentResolver。

使用 query() 需傳入 5 個參數：

- 內容的 URI

- 欄位清單

- 查詢條件式

- 查詢條件值字符串數組

- 按行組過濾

如下查詢聯絡人的相關資料並不設任何條件。

```
cursor = cr.query(
        ContactsContract.Contacts.CONTENT_URI,
        null,
        null,
        null,
        null);
```

當應用程式想取得 ContentProvider 提供的資料，還需要有提供者的「讀取權限」，請在 AndroidManifest.xml 中寫入權限，如要找出想取得的供應者確切讀取權限名稱，請查閱供應者的說明文件。

裝置設定資訊

對於應用程式開發者而言，使用者在執行 app 的同時，其系統設定值的資料，往往也是非常重要的因素。該如何掌握其系統設定資料。

裝置設定資訊的 URI，不需要以固定的字串處理，而以 API 提供的為主：

```
Uri uri = Settings.System.CONTENT_URI
```

檢視全部設定資料

如果想要一次取得目前所有設定資訊，放在 TextView 中檢視。

先進行宣告。

```
private Uri uri = Settings.System.CONTENT_URI;
private ContentResolver resolver;
private Cursor cursor;
```

在 onCreate() 進行準備工作。

```
info = (TextView)findViewById(R.id.info);
resolver = getContentResolver();
```

接下來就可以透過 resolver 物件實體進行查詢工作。查詢之後將會回傳 Cursor，透過尋訪 Cursor 的程序就可以取得所有設定資訊。

```
cursor = resolver.query(uri,null,null,null,null);

while (cursor.moveToNext()){
    String name = cursor.getString(cursor.getColumnIndex("name"));
    String value = cursor.getString(cursor.
getColumnIndex("value"));
    info.append(name + " = " + value + "\n");
}

cursor.close();
```

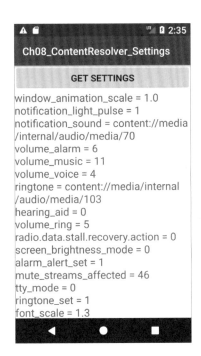

查詢特定設定資料

當然，檢視查詢所有資料的狀況應該不多見，通常會針對特定的設定項目。而有哪些特定的項目，這部分會被放在 Settings.System 的常數定義中。參考：
https://developer.android.com/reference/android/provider/Settings.System.html

以下，來開發一個通用的方法

```java
    private void getSettingValue(String name){
        cursor =
                resolver.query(uri,
                        new String[]{"name","value"},
                        "name = ?",
                        new String[]{name},
                        null);
        if (cursor.getCount()>0){
            cursor.moveToFirst();
            String value = cursor.getString(cursor.
getColumnIndex("value"));
            Log.i("brad",name + " = " + value);
        }
    }
```

因此，只需要查出想要知道的 name，即可呼叫使用，例如：Settings.System.
FONT_SCALE

```
getSettingValue(Settings.System.FONT_SCALE);
```

聯絡人資料

使用 android.provide 提供的 ContactsContract 類別來取得聯絡人的相關資料。

ContactsContract 類別提供以下表格來取得聯絡人資料：

◆ Contacts 表格：彙總所有原始的聯絡人列。

◆ RawContacts 表格：包含聯絡人摘要的列，用來針對聯絡人帳戶和類型。

◆ Data 表格：包含聯絡人詳細資料的列，例如電子郵件地址或電話號碼。

ContactsContract 下表格結構，如圖。

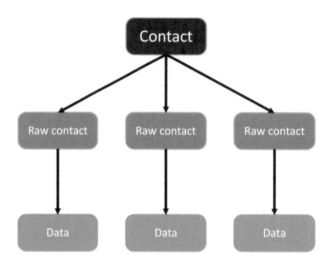

原始聯絡人

RawContact 也稱為原始聯絡人，由於聯絡人供應程式允許一個聯絡人使用多種服務來做為資料的來源，衍生出原始聯絡人。原始聯絡人代表一個帳戶類型和帳戶名稱的資料，也就是一個聯絡人能夠擁有多個原始聯絡人。例如，一位名為 Neo 的聯絡人在裝置上定義了 Neo@gmail.com、NeoTwo@gmail.com 與 Twitter 帳戶「NeoTwitter」三個使用者帳號，也就是說 Neo 這個聯絡人擁有三個原始聯絡人。

資料

Data 表存放著原始聯絡人的資料。此表連結到原始聯絡人的 _ID 值，這樣的做法讓原始聯絡人的相同資料類型能夠存放多個資料，例如，Neo@gmail.com 定義了它的工作電郵件 woker@gmail.com，而住家電子郵件為 home@gmail.com，這兩個資料的類型都屬於電子郵件，然後聯絡人供應程式會儲存這兩個電子郵件資料並透過 _ID 連結 原始聯絡人。

聯絡人

Contact 也稱為聯絡人，為聯絡人應用程式彙總所有帳戶類型和帳戶名稱的原始聯絡人的最終產物。聯絡人提供使用者針對某個人所收集的資料進行顯示與修改。

由右圖表示三個表之間的關係：

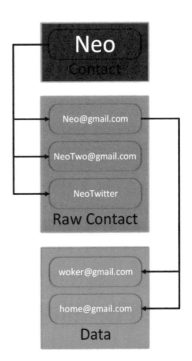

➤ 查詢聯絡人資料

查詢之前先寫入權限，Conatact 的讀取權限為 READ_CONTACTS，如下在 AndroidManifest.xml 寫入。

```
<uses-permission android:name="android.permission.READ_CONTACTS" />
```

且 Contacts 屬於危險權限，別忘了之前章節介紹的方法，請使用取得危險權限的方法來實行。

首先不設定任何條件查詢 Contacts 表所有的聯絡人資料，接著 while (cursor. moveToNext()) 依序查詢聯絡人下的原始聯絡人資料。

```
Cursor  cursor = cr.query(
        ContactsContract.Contacts.CONTENT_URI,
        null,
        null,
        null,
        null);

while (cursor.moveToNext()) {
......
}
cursor.close();
```

在 while (cursor.moveToNext()) 裡藉由 Contacts 取得獨一無二的聯絡人 _ID，查詢 Data 表下的特定類型欄名稱類別：

* ContactsContract.CommonDataKinds.Phone：電話資料

* ContactsContract.CommonDataKinds.StructuredName：名稱資料

* ContactsContract.CommonDataKinds.Photo：主要相片

* ContactsContract.CommonDataKinds.Email：電子郵件

* ContactsContract.CommonDataKinds.StructuredPosta：郵件地址

這裡查詢 ContactsContract.CommonDataKinds.Phone 並設定條件 _ID 為剛才取得的聯絡人 ID 後，取得 Contacts 表的聯絡人名稱（DISPLAY_NAME）與 Data 表的電話號碼（NUMBER）。

```
long id = cursor.getLong(cursor.getColumnIndex(ContactsContract.Contacts._
ID));

Cursor cursor_phone = cr.query(
      ContactsContract.CommonDataKinds.Phone.CONTENT_URI,
      null,
      ContactsContract.CommonDataKinds.Phone.CONTACT_ID + "=" + Long.
toString(id)
      ,null
      ,null);
String name = cursor.getString(cursor.getColumnIndex(ContactsContract.
Contacts.DISPLAY_NAME));

while (cursor_phone.moveToNext()) {

   String number = cursor_phone.getString(cursor_phone.
getColumnIndex(ContactsContract.CommonDataKinds.Phone.NUMBER));
   textView.append(name + ":" + number + "\n");
}
cursor_phone.close();
```

通話紀錄

設定權限 <uses-permission android:name="android.permission.READ_CALL_
LOG" />，通常這種向裝置要求資料的行為都被分類為危險權限，如之前介紹的
外部空間、聯絡人等，來去電記錄無疑也是其中一項，請使用危險權限方式進
行請求。

使用以下字符串查詢 CallLog 下的 Calls 表：

◆ NUMBER：號碼

◆ CACHED_NAME：姓名

◆ TYPE：通話類型

　　1. INCOMING_TYPE：撥打

　　2. OUTGOING_TYPE：接聽

　　3. MISSED_TYPE：未接

◆ DATE：通話日期

◆ DURATION：通話長度（時間）

不設定任何條件查詢 Calls 表所有的來電資料，接著 while (cursor.moveToNext())
依序查詢來電資料。

```
Cursor  cursor = cr.query(
     CallLog.Calls.CONTENT_URI,
     null,
     null,
     null,
     null);

while (cursor.moveToNext()) {

}
cursor.close();
```

查詢當前來電的聯絡人名稱與號碼

```
String name = cursor.getString(cursor.getColumnIndex(CallLog.Calls.
CACHED_NAME));
String number = cursor.getString(cursor.getColumnIndex(CallLog.Calls.
NUMBER));
```

設定目前來電為何種類型，將 CallLog.Calls.TYPE 欄的資料取出 int 值 ，在使
用 INCOMING_TYPE、OUTGOING_TYPE、MISSED_TYPE 來分辨通話類型。

```
int callType=cursor.getInt(cursor.getColumnIndex(CallLog.Calls.TYPE));
String type = "";
switch (callType) {
   case CallLog.Calls.INCOMING_TYPE:
       type=" 撥打 ";
       break;
   case CallLog.Calls.OUTGOING_TYPE:
       type=" 接聽 ";
       break;
   case CallLog.Calls.MISSED_TYPE:
       type=" 未接 ";
       break;
}
```

設定目前來電日期，將 CallLog.Calls.DATE 欄的資料取出 Long 值並轉換成 Date，在使用 SimpleDateFormat 定義日期格式。

```
SimpleDateFormat sdf = new SimpleDateFormat("yyyy-MM-dd HH:mm:ss");
Date callDate=new Date(cursor.getLong(cursor.getColumnIndex(CallLog.
Calls.DATE)));
String date = sdf.format(callDate);
```

設定目前來電通話長度，取得的數值為秒數。

```
int callDuration=cursor.getInt(cursor.getColumnIndex(CallLog.Calls.
DURATION));
int min = callDuration/60;
int sec = callDuration%60;
String duration=min+"分 "+sec+"秒 ";
```

最後將所有資料顯示在畫面上。

```
textView.append(" 類型 :" + type + " , 名稱 :" + name + " , 號碼 :" +number + ",
通話時長 :" + duration + " , 日期 :" + date +"\n---------------------\n");
```

相簿資料

在 MediaStore 下存在裝置相簿的 Images 表，使用以下字符串查詢：

- TITLE：圖片標題
- DISPLAY_NAME：圖片名稱
- DATE_TAKEN：拍攝日期
- MIME_TYPE：圖片類型
- DATA：圖片路徑
- SIZE：圖片大小

查詢巡訪全部資料

```
Cursor  cursor = cr.query(
        MediaStore.Images.Media.EXTERNAL_CONTENT_URI,
        null,
        null,
        null,
        null);
```

將每張圖片路徑顯示在畫面上。

```
while (cursor.moveToNext()) {
   textView.append( MediaStore.Images.Media.DATA + "\n ---------------- \
n");
}
cursor.close();
```

9

Service

應用模式

Service 是個不具備使用者介面且能長時間在背景執行的應用程式元件，由於執行時處於背景中所以通常使用者無法察覺到 Service，但是也存在能被使用者察覺的 Service，當 Service 被啟動後就算使用者離開應用程式，Service 也會繼續在背景中執行，此外應用程式元件也能夠與 Service 繫結，這樣做可以方便與 Service 進行通訊。例如，播放音樂，如開始、暫停與上下一首，這些操作會被置入背景中執行，這樣的好處在於如果使用者只要無意關閉音樂，就算 Activity 遭到關閉，音樂也能繼續播放。

Service 兩種形式：

◆ **啟動：**

代表應用程式元件 Activity 呼叫 startService() 來啟動 Service。 Service 啟動後會在背景中執行，就算啟動 Service 的 Activity 應用程式元件已經終結了也不受到影響。

◆ **繫結：**

代表應用程式元件 Activity 呼叫 bindService() 來繫結 Service。 被繫結的 Service 為了讓元件能與 Service 進行互動、傳送要求與取得結果，提供了主從式介面。

兩種形式的差異在於，啟動的 Service 被應用程式元件啟動後，Service 不會受到啟動的應用程式元件狀態影響，不管啟動的應用程式元件的狀態變更為 onStop() 或者 onDestroy()，Service 會持續在背景中執行工作，除非呼叫 Service 的 onDestroy() 來進行終止；反觀繫結的 Service 繫結至應用程式元件後，如果這個應用程式元件狀態變更為 onStop() 或者 onDestroy()，繫結的 Service 也會遭到終止。

建立 Service

首先建立一個 Service 的子類別，可以 Override 這些方法，但並不是全部都需要：

- onCreate()：Service 初次建立時呼叫，您應在此方法中進行初始化的設定程序，當 Service 已經執行此方法不會再被呼叫。

- onStartCommand()：當應用程式元件透過呼叫 startService() 時，系統會呼叫此方法來回應呼叫端，Service 就會啟動然後在背景中執行。當任務完成後您應當呼叫 stopSelf() 或 stopService() 來終止此服務。

- onBind()：應用程式元件透過呼叫 bindService() 來與 Service 繫結時，系統會呼叫此方法傳回 IBinde，如果您允許繫結，請提供使用者端能夠與 Service 互動的介面，如果不允許的話請傳回 null 即可。

- onDestroy()：當 Service 不在需要且正在終結時，系統會呼叫此方法。

生命週期

Service 的生命週期分為兩種路徑：

- 已啟動的 Service：當應用程式元件呼叫 startService() 後，Service 會在背景中無限次數執行，直到透過呼叫 stopService() 來停止 Service，Service 遭停止後系統會終結此 Service。

- 已繫結的 Service：當應用程式元件乎叫 bindService() 後，應用程式元件則為用戶端，用戶端久可以使用 Service 提供的介面與 Service 進行通訊，多個用戶端可以繫結至同一個 Service 。當用戶端想關閉 Service 只需呼叫 unbindService() 來切斷連線，如果有多個用戶端的話，則需要所有的用戶端都切斷連線 Service 才會被系統終止。

這兩種生命週期的路徑並非完全獨立的，也就是這兩種路徑會互相影響。例如，有一個啟動的 Service 在背景中持續播放音樂，但之後，使用者想透過一個介面來取得歌曲資訊或者進行操作，如開始、暫停與上下一首，於目前的應用程式元件呼叫 bindService() 繫結至 Service，這樣的情況下呼叫 stopService() 或 stopSelf() 是不會停止 Service 的，直到所有與 Service 繫結的元件切斷連線，Service 才會終止。

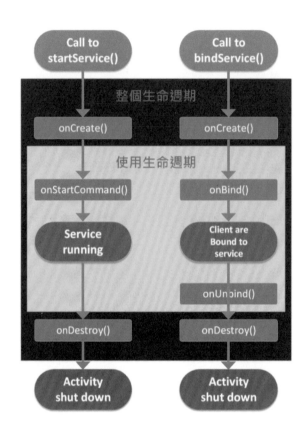

Start Services

啟動機制模式的 Service，是藉由 Context.startService() 所啟動起來的 Service，啟動之後的生命週期進入到初始化處理的 onCreate() 及 onStartCommand()。之後的模式都是透過 Context.startService() 來觸發 onStartCommand() 進行互動機制。即使 Context 已經結束生命週期，Service 仍然會繼續運作，除非 Context.stopService() 被呼叫，才會觸發 onDestroy() 結束 Service。

建立 Service

建議利用【 File → New → Service → Service 】方式建立一個 Service，將會自動在 AndroidManifest.xml 中建立該 Service 的元件設定。如果是以自訂 Java Class 的方式的話，則必須手動方式建立。

MyService2.java

```java
public class MyService2 extends Service {
    public MyService2() {
    }

    @Override
    public IBinder onBind(Intent intent) {
        // TODO: Return the communication channel to the service.
        throw new UnsupportedOperationException("Not yet implemented");
    }
}
```

一開始要稍微處理一下這段程式碼，因為其預設的模式是 Bound Service。

1. 將 onBind() 方法內容修改，throw 的拋出例外敘述句刪掉，加上 return null; 即可

2. 加上 Override 其 onCreate()，onStartCommand() 及 onDestroy() 方法

```java
public class MyService2 extends Service {
    public MyService2() {
        Log.i("brad", "MyService2()");
    }

    @Override
    public IBinder onBind(Intent intent) {
        Log.i("brad", "MyService2:onBind()");
        return null;
    }

    @Override
    public void onCreate() {
        super.onCreate();
        Log.i("brad", "MyService2:onCreate()");
    }

    @Override
    public int onStartCommand(Intent intent, int flags, int startId) {
        Log.i("brad","MyService2:onStartCommand()");
        return super.onStartCommand(intent, flags, startId);
    }

    @Override
    public void onDestroy() {
```

```
        super.onDestroy();
        Log.i("brad", "MyService2:onDestroy()");
    }
}
```

此時搭配的 MainActivity 加上兩個 Button 來觸發方法：

- test2()：呼叫 startService()

- test3()：呼叫 stopService()

```
public void test2(View view){
    Intent intent = new Intent(this, MyService2.class);
    startService(intent);
}
public void test3(View view){
    Intent intent = new Intent(this, MyService2.class);
    stopService(intent);
}
```

透過 LogCat 可以清楚的觀察到：

- 首次觸發 startService()，會建立 MyService2 物件實體，直接依序執行 onCreate() 及 onStartCommand()

- 之後再觸發 startService()，則只會觸發 startCommand()

- 直接結束 MainActivity，MyService2 沒有任何異動

- 結束前觸發 stopService()，則會使 MyService2 進入 onDestroy() 執行，並結束其生命週期

溝通機制

在上述的實驗中，就已經非常清楚地看到 MainActivity 透過 startService() 來與 MyService2 進行傳遞資料，並透過 Intent 來夾帶資料。

MainActivity 中

```
public void test2(View view){
    Intent intent = new Intent(this, MyService2.class);
    intent.putExtra("username", "brad");
    startService(intent);
}
```

而在 MyService2 中：

```
@Override
public int onStartCommand(Intent intent, int flags, int startId) {
    Log.i("brad", "MyService2:onStartCommand()");
    String username = intent.getStringExtra("username");
    return super.onStartCommand(intent, flags, startId);
}
```

而要從 MyService2 回應到 MainActivity 的處理模式，與下個單元該部分一樣，
因此不在此贅述。

Bound Service

如果想要 Service 提供繫結的功能，並允許其它應用程式元進行繫結，Service
的 onBind() 方法請勿回傳 null ，回傳 IBinder 物件，此物件定義了程式設計介
面，用戶端使用此介面來與 Service 進行互動。

繫結模式的 Service，通常運用上會搭配 Activity 來進行處理，這也就是 Bind 的
主要意義。當 Activity 負責 UI/UX 的任務同時，背景中存在有 Bound Service 來
等候服務的請求，這樣的請求任務並非需要高度的優先權，也可以在執行完畢
之後回傳給前景。而一旦前景的 Activity 結束生命週期的同時，也就不在需要使
用的 Service。

處理方式是用戶端必須實做 ServiceConnection ，當用戶端呼叫 bindService()
與 Service 繫結，也就是與 Service 建立了連線後，用戶端就能使用
ServiceConnection 來監控兩者間的連線狀況。建立連線後系統會呼叫
ServiceConnection 的 onServiceConnected() 方法來傳遞 IBinder。

建立 Service

在 Service 中建立一個 Binder 的自訂義類並創建它的實體對象，這個類別也是
個能夠被用戶端呼叫的公用方法，在此類內建立一個能取得目前 Service 執行
個體的公用方法。額外再定義一亂數實體對象，準備給用戶端取得。

如同前一單元的方式，利用【 File → New → Service → Service 】方式建立一個 Service，將會自動在 AndroidManifest.xml 中建立該 Service 的元件設定。如果是以自訂 Java Class 的方式的話，則必須手動方式建立。

MyService1.java

```
package tw.brad.ch09_servicetest1;

import android.app.Service;
import android.content.Intent;
import android.os.Binder;
import android.os.IBinder;
import android.util.Log;

public class MyService1 extends Service {
    private final IBinder mBinder = new LocalBinder();

    public class LocalBinder extends Binder {
        MyService1 getService() {
            return MyService1.this;
        }
    }

    public MyService1() {
        Log.i("brad","MyService1()");
    }

    @Override
    public IBinder onBind(Intent intent) {
        Log.i("brad","MyService:onBind()");
        return mBinder;
    }

    @Override
    public void onDestroy() {
        super.onDestroy();
        Log.i("brad","MyService:onDestroy()");
    }
}
```

重點

• IBinder 為一個 Java interface

• Binder 為一個實作 IBinder interface 的類別

- 自訂的 LocalBinder 類別的物件實體，將會在 onBind() 時傳回

- LocalBinder 物件實體將會是與 Service 溝通的橋樑

主程序中監控連線

建立一個 Service 的實體對象來做為繫結的 Service，與一布林值來判斷此 Service 狀態。

在應用程式元件下的生命週期 onStart()、onStop 加入對 Service 的繫結與結束繫結，當應用程式元件啟動時與 MyService 這個 Service 繫結，bindService() 傳入 Intent (欲繫結的 Service)、ServiceConnection (監控)、繫結中的操作，而當應用程式元件暫停時如果 myBound 為 true(Service 繫結中) 則結束繫結。

MainActivity.java

```java
package tw.brad.ch09_servicetest1;

import android.content.ComponentName;
import android.content.Context;
import android.content.Intent;
import android.content.ServiceConnection;
import android.os.Bundle;
import android.os.IBinder;
import android.support.v7.app.AppCompatActivity;
import android.util.Log;

public class MainActivity extends AppCompatActivity {
    private MyService1 mService;
    private boolean mBound = false;

    private ServiceConnection mConnection = new ServiceConnection() {
        @Override
        public void onServiceConnected(ComponentName className,
                                       IBinder service) {
            MyService1.LocalBinder binder = (MyService1.LocalBinder)
service;
            mService = binder.getService();
            mBound = true;
        }

        @Override
        public void onServiceDisconnected(ComponentName arg0) {
```

```
            mBound = false;
        }
    };
    @Override
    protected void onCreate(Bundle savedInstanceState) {
        super.onCreate(savedInstanceState);
        setContentView(R.layout.activity_main);

    }

    @Override
    protected void onStart() {
        super.onStart();

        Log.i("brad","Activity:start()");
        Intent intent = new Intent(this,MyService1.class);
        bindService(intent, mConnection, Context.BIND_AUTO_CREATE);
    }

    @Override
    protected void onStop() {
        super.onStop();
        Log.i("brad", "Activity:stop()");
        if (mBound) {
            unbindService(mConnection);
            mBound = false;
        }
    }
}
```

重點

◆ 建立一個 ServiceConnection 物件實體，在 Activity 端用來與 Service 溝通的物件，會透過 Binder 進行處理。

◆ 在 onStart() 中，透過呼叫 bindService(Intent,ServiceConnection,MODE)，繫結一個新的 Service 物件實體。

◆ 一但有一個新的 Service 物件實體時，將會先執行 onCreate()，再來執行 onBind()

◆ 並不會執行到 onStartCommand()，因為不需要。

◆ 在 onStop() 中，透過呼叫 unbindService(ServiceConnection) 來解除繫結。

溝通機制

當 Activity 執行階段要對 Service 觸發方法時，則只需要直接對屬性中的 Service
物件實體操作即可。假設在 MyService1 中：

```
public void doSomething(){
    Log.i("brad", "doSomething...");
}
```

而在 MainActivity 中：

```
public void test1(View view){
    mService.doSomething();
}
```

反 過 來 ， 要 從 MyService2 發 出 資 料 給 MainActivity ， 則 可 以 透 過
BroadcastReceiver 的機制來處理。假設在 MyService 中：

```
public void doSomething(){
    Log.i("brad", "doSomething...");
    Intent intent = new Intent("brad");
    intent.putExtra("rand", (int)(Math.random()*49+1));
    sendBroadcast(intent);
}
```

回到 MainActivity 中，先定義一個自訂內部類別，繼承自 BroadcastReceiver 類
別，並 Override 其 onReceive() 方法。

```
private class MyReceiver extends BroadcastReceiver {
    @Override
    public void onReceive(Context context, Intent intent) {
        Log.i("brad", "receive from MyService1");
        int rand = intent.getIntExtra("rand", -1);
        mesg.setText("" + rand);
    }
}
```

而分別在 onStart() 及 onStop() 進行註冊／解除。

```
private MyReceiver myReceiver;
......
    @Override
```

```
    protected void onStart() {
        super.onStart();

        Log.i("brad", "Activity:start()");
        Intent intent = new Intent(this, MyService1.class);
        bindService(intent, mConnection,Context.BIND_AUTO_CREATE);

        myReceiver = new MyReceiver();
        IntentFilter filter = new IntentFilter("brad");
        registerReceiver(myReceiver, filter);

    }
......
    @Override
    protected void onStop() {
        super.onStop();
        Log.i("brad", "Activity:stop()");

        unregisterReceiver(myReceiver);

        if (mBound) {
            unbindService(mConnection);
            mBound = false;
        }
    }
```

前景機制

一般情況下 Service 在背景中持續執行，當記憶體不足時由於在背景的系統優先度較低，系統會將 Service 終止以彌補記憶體不足的問題，但如果您希望就算在這樣的情況下 Service 也能持續執行下去，就需要將 Service 設置為前景 Service。前景 Service 有一項特徵，即前景 Service 必須提供通知給狀態列，此通知只有在前景 Service 遭到終止或停止時才能解除。

如果想將 Service 在前景中執行，請在 Service 的 onStartCommand() 下加入 Notification 提供給狀態列使用，以及呼叫 startForeground() 將此 Service 設定在前景中執行。

startForeground() 需傳入 2 個參數：

- 識別編號

- Notification

先使用 Intent 定義當使用者點擊通知時所要到達的 Context，接著用 PendingIntent 來包裝 Intent。

```
Intent intent = new Intent(this, MainActivity.class);
PendingIntent pendingIntent = PendingIntent.getActivity(this, 0, intent,
0);
```

建立一個自定義的 Notification ，在 Android 4.1.2 以上版本可以直接以 Notification.Builder 建立您的通知內容，如標題、訊息、圖示、指定點擊後到達的 Context 等。

```
Notification notification = new Notification.Builder(this)
    .setContentTitle("Title")
    .setContentText("Message")
    .setSmallIcon(R.mipmap.ic_launcher)
    .setContentIntent(pendingIntent)
    .build();
```

最後設定在前景中執行，並傳入編號 110 與先前建立的 Notification 。

```
startForeground(110, notification);
```

IntentService 的應用

IntentService 提供了方便的功能解決 Service 的不便，上面介紹 Service 會長時間在背景中執行，但這個 Service 還是在 UI Thread 中執行，先前章節介紹了 Thread 的運行方式，在這樣的情況下 Service 不能直接在 onStartCommand() 中執行需要耗費時間的任務，不然會造成 UI Thread 阻塞，需要啟動 Woker Thread 執行需耗時的任務。

IntentService 則會建立預設的 Woker Thread，此 Thread 會執行所有傳送至 onStartCommand() 的 Intent ，這個 onStartCommand() 是 IntentService 提供的默認實作方法，IntentService 會先建立一個工作佇列，onStartCommand() 則將傳入的 Intent 分配給工作佇列，工作佇列在一次傳送一個 Intent 給 onHandleIntent()，您不需要將它實做出來，只需要實作 onHandleIntent() 來完成

用戶端提供的工作。由於一次只傳送一個 Intent 所以您無法實行多 Threads 的做法，這個是 IntentService 缺點。

建立 IntentService

繼承至 IntentService 類別的子類別必須提供一個無傳參數建構式，在這個建構式內呼叫父類別的建構式 super IntentService(String)，傳入 String 當作 IntentService 創建 Woker Thread 時的名稱。接著覆寫 onHandleIntent() 加入需耗時任務，如果有其它需要也能覆寫 onCreate()、onStartCommand() 或 onDestroy() 等方法，別忘了要呼叫 super 實作。

```java
public class MyIntentService extends IntentService {

    public MyIntentService() {
        super("HelloIntentService");
    }
    @Override
    protected void onHandleIntent(Intent intent) {

    }
    @Override
    public void onCreate() {
        super.onCreate();
    }
    @Override
    public int onStartCommand(Intent intent, int flags, int startId) {
        return super.onStartCommand(intent,flags,startId);
    }
    @Override
    public void onDestroy() {
        super.onDestroy();
    }
}
```

10

網際網路

對於大多數的 App 而言，應用網際網路的資源而與 App 產生資料交換的情況，應該是相當常見的應用。

網路狀態

當 app 實現與網際網路互動交換資料的應用，應該在此程序之前，檢視使用者當時行動裝置的網路狀態，才能對於後續相關的存取資料程序有所掌握。

首先，必須設定使用權限 ACCESS_NETWORK_STATE

```
<uses-permission android:name="android.permission.ACCESS_NETWORK_STATE"/>
```

先呼叫 getSystemService()，並傳遞參數 Context.CONNECTIVITY，轉型為 ConnectivityManager 物件實體

```
private ConnectivityManager cm;
......
cm = (ConnectivityManager)getSystemService(Context.CONNECTIVITY_SERVICE);
```

再透過 ConnectivityManager 物件實體來取得網路連線的狀態：

```
private boolean isConnectNetwork(){
    NetworkInfo activeNetwork = cm.getActiveNetworkInfo();
    boolean isConnected = activeNetwork != null &&
            activeNetwork.isConnectedOrConnecting();
    return isConnected;
}
```

Wi-Fi

承上的相同模式，也可以進一步了解目前使用 Wifi 的狀態：

```
private boolean isConnectWifi(){
    NetworkInfo wifi = cm.getNetworkInfo(ConnectivityManager.TYPE_
WIFI);
    return wifi.isConnected();
}
```

當使用者透過 4G 電信網路連線時，isConnectWifi() 將傳回 false，但是 isConnectNetwork() 傳回 true。

隨時掌握網路狀態

通常應用程式應該隨時掌握當時的網路連線狀況，則應該使用 Broadcast Receiver 來處理即時的狀況，以因應當前的應用程式狀態。首先，先自定一個內部類別繼承自 BroadcastReceiver，並 Override onReceive() 方法：

```
private class MyNetworkBroadcastReceiver extends BroadcastReceiver {
    @Override
    public void onReceive(Context context,Intent intent) {
        Log.i("brad","receiver:" + isConnectNetwork());
    }
}
```

並在 onCreate() 方中建構物件，並 registerReceiver() 方法，設定 IntentFilter 的 Action 為 ConnectivityManager.CONNECTIVITY_ACTIVE：

```
private MyNetworkBroadcastReceiver receiver;
......
    @Override
    protected void onCreate(Bundle savedInstanceState) {
......
        receiver = new MyNetworkBroadcastReceiver();
        IntentFilter filter = new IntentFilter();
        filter.addAction(ConnectivityManager.CONNECTIVITY_ACTION);
        registerReceiver(receiver,filter);
......
    }
```

並在 finish() 方法中解除：

```
    @Override
    public void finish() {
        unregisterReceiver(receiver);
        super.finish();
    }
```

這樣就可以隨時掌握使用者網路連線的狀態，並在 onReceive() 中進行處理相關的商業邏輯。

存取網際網路資源

行動裝置透過網際網路的方式存取豐富的資源，一般可以應用 TCP 或是 UDP 的通訊協定，但是最常見的方式還是以基於 TCP 之 HTTP 或是 HTTPS 的通訊協定進行資料交換為主。應用的觀念與瀏覽器的觀念一樣，是以用戶端的角色與遠端的伺服器進行 Http Request 與 Http Response。

在 Android 專案開發中，任何使用到網際網路的相關處理應用，都必須注意到以下兩點：

◆ 開啟權限

◆ 不得以 Main Thread(UI Thread) 進行處理，通常會以一個 Thread，AsyncTask 或是以 Service 方式進行

以 GET 方式提出要求

大多數透過瀏覽器的網址列的輸入是以 GET 方法與遠端的網頁伺服器提出 HTTP Request，進而等候 HTTP Response 的頁面原始碼回傳給瀏覽器。因此相同的原理觀念，行動裝置上也是以 GET 方法進行資料交換處理。

先建立一個 URL 的物件實體，相當於網址列的輸入文字資料，例如：

```
URL url = new URL("https://www.google.com");
```

再來針對該 URL 物件實體呼叫 openConnection() 方法，來開啟進行連接物件 HttpsURLConnection。

```
HttpsURLConnection conn = (HttpsURLConnection) url.openConnection();
```

之後就可以 HttpsURLConnection 物件執行 connect() 方法，相當於在瀏覽器的網址列輸入後按下 Enter 的動作。

```
conn.connect();
```

就可以等候對方伺服器回傳的頁面原始碼，透過呼叫 getInputStream() 的輸入串流物件來取得，以下舉例是針對一般頁面文字內容資料處理。

```
package tw.brad.ch10_gettest;

import android.os.Bundle;
package tw.brad.ch10_gettest;

import android.os.Bundle;
import android.support.v7.app.AppCompatActivity;
import android.util.Log;

import java.io.BufferedReader;
import java.io.IOException;
import java.io.InputStream;
import java.io.InputStreamReader;
import java.net.MalformedURLException;
import java.net.URL;

import javax.net.ssl.HttpsURLConnection;

public class MainActivity extends AppCompatActivity {

    @Override
    protected void onCreate(Bundle savedInstanceState) {
        super.onCreate(savedInstanceState);
        setContentView(R.layout.activity_main);

        new Thread(){
            @Override
            public void run() {
                getUrlByGet();
            }
        }.start();

    }

    private void getUrlByGet(){
        try {
            URL url = new URL("https://www.google.com");

            HttpsURLConnection conn = (HttpsURLConnection) url.
            openConnection();
            conn.setReadTimeout(3000);
            conn.setConnectTimeout(3000);
            conn.setRequestMethod("GET");
            conn.setDoInput(true);
            conn.connect();
```

存取網際網路資源

```
            InputStream inputStream = conn.getInputStream();
            InputStreamReader inputStreamReader = new
            InputStreamReader(inputStream);
            BufferedReader bufferedReader = new BufferedReader(inputStream
            Reader);
            String readLine = null;
            while ((readLine = bufferedReader.readLine()) != null){
                Log.i("brad","=> " + readLine);
            }
        } catch (MalformedURLException e) {
            Log.i("brad","URL Exception : " + e.toString());
        } catch (IOException e) {
            Log.i("brad","I/O Exception : " + e.toString());
        }

    }

}
```

以 POST 方式提出要求

處理的觀念與 GET 非常類似，唯獨在於資料參數的傳遞方式，無法透過
"key1=value1&key2=value2" 的方式進行傳送，而必須藉由輸出串流來將資料參
數進行處理。

以下假設遠端伺服器相關資料：

URL: http://10.0.2.2/bradserver/phpmysql/brad02.php

Method: POST

Parameters:

- cname

- account

- passwd

建立 URL 物件實體及產生一個 HttpURLConnection 物件實體，進行相關的設定：

```
URL url = new URL("http://10.0.2.2/bradserver/phpmysql/brad02.php");

HttpURLConnection conn = (HttpURLConnection) url.openConnection();
```

```
conn.setReadTimeout(3000);
conn.setConnectTimeout(3000);
conn.setRequestMethod("POST");
conn.setDoInput(true);
conn.setDoOutput(true);
```

接著另外撰寫一個方法來處理參數資料，將接收的參數放在 ContentValues 的
資料結構物件中，將 Key、Value 的資料依照 "key1=value1&key2=value2&…"
格式處理，但 Key 與 Value 必須以 URLEncoder() 方式進行編碼。

```java
private String queryString(ContentValues data){
    Set<String> keys = data.keySet();
    StringBuilder sb = new StringBuilder();
    try {
        for (String key : keys) {
            sb.append(URLEncoder.encode(key,"UTF-8"));
            sb.append("=");
            sb.append(URLEncoder.encode(data.getAsString(key),"UTF-8"));
            sb.append("&");
        }
        sb.deleteCharAt(sb.length()-1); // 移掉最後一個 &
        return sb.toString();
    }catch(Exception e){
        return null;
    }
}
```

最後透過 HttpURLConnection 物件實體取得 OutputStream 來將資料進行輸出：

```java
package tw.brad.ch10_posttest;

import android.content.ContentValues;
import android.os.Bundle;
import android.support.v7.app.AppCompatActivity;
import android.util.Log;

import java.io.BufferedWriter;
import java.io.IOException;
import java.io.OutputStream;
import java.io.OutputStreamWriter;
import java.net.HttpURLConnection;
import java.net.MalformedURLException;
import java.net.URL;
import java.net.URLEncoder;
```

```java
import java.util.Set;

public class MainActivity extends AppCompatActivity {

    @Override
    protected void onCreate(Bundle savedInstanceState) {
        super.onCreate(savedInstanceState);
        setContentView(R.layout.activity_main);

        new Thread(){
            @Override
            public void run() {
                getUrlByPost();
            }
        }.start();
    }

    private void getUrlByPost() {
        try {
            URL url = new URL("http://10.0.2.2/bradserver/phpmysql/
            brad02.php");

            HttpURLConnection conn = (HttpURLConnection) url.
            openConnection();
            conn.setReadTimeout(3000);
            conn.setConnectTimeout(3000);
            conn.setRequestMethod("POST");
            conn.setDoInput(true);
            conn.setDoOutput(true);

            ContentValues values = new ContentValues();
            values.put("cname","a1");
            values.put("account","a2");
            values.put("passwd","a3");
            String query = queryString(values);

            OutputStream os = conn.getOutputStream();
            BufferedWriter writer = new BufferedWriter(
                    new OutputStreamWriter(os,"UTF-8"));
            writer.write(query);
            writer.flush();
            os.close();

            conn.connect();

            int code = conn.getResponseCode();
```

```java
            String mesg = conn.getResponseMessage();
            Log.i("brad",code + ":" + mesg);


        } catch (MalformedURLException e) {
            Log.i("brad","URL Exception : " + e.toString());
        } catch (IOException e) {
            Log.i("brad","I/O Exception : " + e.toString());
        }

    }

    private String queryString(ContentValues data){
        Set<String> keys = data.keySet();
        StringBuilder sb = new StringBuilder();
        try {
            for (String key : keys) {
                sb.append(URLEncoder.encode(key,"UTF-8"));
                sb.append("=");
                sb.append(URLEncoder.encode(data.
                getAsString(key),"UTF-8"));
                sb.append("&");
            }
            sb.deleteCharAt(sb.length()-1); // 移掉最後一個 &
            return sb.toString();
        }catch(Exception e){
            return null;
        }
    }
}
```

上傳機制

一般與遠端伺服器的運用除了文字資料的傳遞之外，檔案上傳更是常見的應用，例如相片或是文件檔案進行上傳，此時運用的技術與 POST 傳遞是一樣的，但是必須支援使用 multipart/form-data. 因此，可以將這樣的處理簡化成以下的 Java 原始碼：

```java
package tw.brad.ch10_upload;

/**
 * Created by brad on 2017/10/8.
```

```
*/

import java.io.BufferedReader;
import java.io.File;
import java.io.FileInputStream;
import java.io.IOException;
import java.io.InputStreamReader;
import java.io.OutputStream;
import java.io.OutputStreamWriter;
import java.io.PrintWriter;
import java.net.HttpURLConnection;
import java.net.URL;
import java.net.URLConnection;
import java.util.ArrayList;
import java.util.List;

public class MultipartUtility {
    private final String boundary;
    private static final String LINE_FEED = "\r\n";
    private HttpURLConnection httpConn;
    private String charset;
    private OutputStream outputStream;
    private PrintWriter writer;

    public MultipartUtility(String requestURL,String token,String charset)
            throws IOException {
        this.charset = charset;

        boundary = "===" + System.currentTimeMillis() + "===";

        URL url = new URL(requestURL);
        httpConn = (HttpURLConnection) url.openConnection();
        httpConn.setUseCaches(false);
        httpConn.setDoOutput(true); // indicates POST method
        httpConn.setDoInput(true);
        httpConn.setRequestProperty("Content-Type","multipart/form-data;
        boundary=" + boundary);
        httpConn.setRequestProperty("Authorization","Bearer " + token);
        outputStream = httpConn.getOutputStream();
        writer = new PrintWriter(new OutputStreamWriter(outputStream'
        charset),
                true);
    }

    public void addFormField(String name,String value) {
        writer.append("--" + boundary).append(LINE_FEED);
```

```
    writer.append("Content-Disposition: form-data; name=\"" + name +
    "\"").append(LINE_FEED);
    writer.append("Content-Type: text/plain; charset=" + charset).
    append(LINE_FEED);
    writer.append(LINE_FEED);
    writer.append(value).append(LINE_FEED);
    writer.flush();
}

public void addFilePart(String fieldname,File uploadFile)
        throws IOException {
    String fileName = uploadFile.getName();
    writer.append("--" + boundary).append(LINE_FEED);
    writer.append(
            "Content-Disposition: form-data; name=\"" + fieldName
                    + "\"; filename=\"" + fileName + "\"")
            .append(LINE_FEED);
    writer.append(
            "Content-Type: "
                    + URLConnection.guessContentTypeFromName(fileName))
            .append(LINE_FEED);
    writer.append("Content-Transfer-Encoding: binary").append(LINE_
    FEED);
    writer.append(LINE_FEED);
    writer.flush();

    FileInputStream inputStream = new FileInputStream(uploadFile);
    byte[] buffer = new byte[4096];
    int bytesRead = -1;
    while ((bytesRead = inputStream.read(buffer)) != -1) {
        outputStream.write(buffer,0,bytesRead);
    }
    outputStream.flush();
    inputStream.close();

    writer.append(LINE_FEED);
    writer.flush();
}

public void addHeaderField(String name,String value) {
    writer.append(name + ": " + value).append(LINE_FEED);
    writer.flush();
}

public List<String> finish() throws IOException {
    List<String> response = new ArrayList<String>();
```

上傳機制

10-11

```
        writer.append(LINE_FEED).flush();
        writer.append("--" + boundary + "--").append(LINE_FEED);
        writer.close();

        int status = httpConn.getResponseCode();

        BufferedReader reader = new BufferedReader(new InputStreamReader(
                httpConn.getInputStream()));
        String line = null;
        while ((line = reader.readLine()) != null) {
            response.add(line);
        }
        reader.close();
        httpConn.disconnect();

        return response;
    }
}
```

以一個實際的範例來進行說明。

建立一個專案，有一個 Button 可以連接至特定網站將指定的 Url 網頁內容轉換成為一個 pdf 檔案，放在行動裝置的外存空間，再由另一個 Button 將該檔案上傳到特定的伺服器。

因為該專案將會進行網際網路，存取外存空間，因此在 AndroidManifest.xml 中設定使用權限：

```
<uses-permission android:name="android.permission.INTERNET"/>
<uses-permission android:name="android.permission.READ_EXTERNAL_
STORAGE"/>
<uses-permission android:name="android.permission.WRITE_EXTERNAL_
STORAGE"/>
```

版面配置上，加上兩個 Button：

```
<?xml version="1.0" encoding="utf-8"?>
<LinearLayout xmlns:android="http://schemas.android.com/apk/res/android"
    xmlns:app="http://schemas.android.com/apk/res-auto"
    xmlns:tools="http://schemas.android.com/tools"
    android:layout_width="match_parent"
    android:layout_height="match_parent"
```

```
    tools:context="tw.brad.ch10_upload.MainActivity"
    android:orientation="vertical"
    >

    <Button
        android:layout_width="match_parent"
        android:layout_height="wrap_content"
        android:text="Download"
        android:textAllCaps="false"
        android:onClick="download"
        />
    <Button
        android:layout_width="match_parent"
        android:layout_height="wrap_content"
        android:text="Upload"
        android:textAllCaps="false"
        android:onClick="upload"
        />

</LinearLayout>
```

前置處理所需要的設定。分別是下載檔案路徑及檔案,以及所需要的執行階段權限:

```
    private File downloadPath,downloadFile;

    @Override
    protected void onCreate(Bundle savedInstanceState) {
        super.onCreate(savedInstanceState);
        setContentView(R.layout.activity_main);

        if (ContextCompat.checkSelfPermission(this,
                Manifest.permission.WRITE_EXTERNAL_STORAGE)
                != PackageManager.PERMISSION_GRANTED) {

            ActivityCompat.requestPermissions(this,
                    new String[]{Manifest.permission.WRITE_EXTERNAL_
                    STORAGE,
                        Manifest.permission.READ_EXTERNAL_STORAGE},
                    1);
        }else{
            init();
        }
    }
```

```
@Override
public void onRequestPermissionsResult(int requestCode,@NonNull
String[] permissions,@NonNull int[] grantResults) {
    super.onRequestPermissionsResult(requestCode,permissions,
    grantResults);
    if (grantResults.length > 0
            && grantResults[0] == PackageManager.PERMISSION_GRANTED) {
        init();
    }
}


private void init(){
    downloadPath = Environment.getExternalStoragePublicDirectory(
            Environment.DIRECTORY_DOWNLOADS);
    downloadFile = new File(downloadPath,"brad.pdf");
}
```

至此已經預備將檔案下載到 downloadFile。

處理檔案下載到行動裝置的部分：

```
public void download(View view){
    new DownloadTask().execute();
}


private class DownloadTask extends AsyncTask {
    @Override
    protected Object doInBackground(Object[] objects) {
        try {
            URL url = new URL("http://pdfmyurl.com/?url=http://www.
            pchome.com.tw");
            HttpURLConnection connection =
                    (HttpURLConnection) url.openConnection();
            connection.connect();
            BufferedInputStream bufferedInputStream =
                    new BufferedInputStream(connection.
                    getInputStream());
            BufferedOutputStream bufferedOutputStream =
                    new BufferedOutputStream(new FileOutputStream
                    (downloadFile));
            byte[] buf = new byte[4096]; int readLen = -1;
            while ( (readLen = bufferedInputStream.read(buf)) != -1){
                bufferedOutputStream.write(buf,0,readLen);
            }
            bufferedOutputStream.flush();
```

```
                bufferedOutputStream.close();
                bufferedInputStream.close();

            }catch (Exception e){
                Log.i("brad","ERROR: " + e.toString());
            }
            return null;
        }


        @Override
        protected void onPostExecute(Object o) {
            super.onPostExecute(o);
            Log.i("brad","Download OK");
        }
    }
```

再來就搭配一開始就處理好的 MultipartUtility 類別即可輕鬆處理上傳機制。

```
public void upload(View view){
    new UploadTask().execute();
}

private class UploadTask extends AsyncTask {
    @Override
    protected Object doInBackground(Object[] objects) {
        try {
            MultipartUtility multipartUtility =
                    new MultipartUtility(
                            "http://10.0.2.2/bradserver/apptest/
                            post2.php",null,"UTF-8");
            multipartUtility.addFilePart("upload",downloadFile);
            multipartUtility.finish();

        } catch (IOException e) {
            e.printStackTrace();
        }
        return null;
    }

    @Override
    protected void onPostExecute(Object o) {
        super.onPostExecute(o);
        Log.i("brad","Upload OK");
    }
}
```

WebView

如果想要呈現的內容，想要以一般瀏覽器的效果為主，則可使用 WebView 進行使用者介面的呈現處理，而以 HTML + CSS + JavaScript 進行內容架構規劃，通常會以響應式網頁設計（Responsive Web Design）規劃而能同時適用於一般瀏覽器，平板電腦及手機。

如果資料內容並不需要透過網際網路存取資料，則不需要要求使用者網際網路的權限。以下先介紹使用這種專案資源的 WebView 應用方式。

先在【File → New → Folder → Assets Folder】，出現以下對話框，直接點擊 Finish 即可。

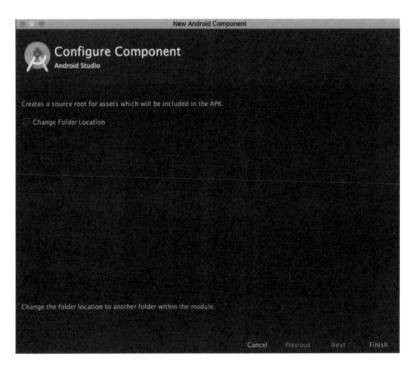

之後將會在 Project 的 app 架構下產生一個新的 assets 資料夾。

接下來在此資料夾下建立一個一般的檔案，假設檔案名稱為 main.html，而將在此進行 HTML 的網頁設計處理。例如：

```
<h1>Brad Big Company</h1>
<hr />
Hello,World
```

實作 layout 的版面配置處理，【app → res → layout → activity_main.xml】

```xml
<?xml version="1.0" encoding="utf-8"?>
<LinearLayout xmlns:android="http://schemas.android.com/apk/res/android"
    xmlns:app="http://schemas.android.com/apk/res-auto"
    xmlns:tools="http://schemas.android.com/tools"
    android:layout_width="match_parent"
    android:layout_height="match_parent"
    android:orientation="vertical"
    tools:context="tw.brad.ch10_webview1.MainActivity">

    <WebView
        android:id="@+id/webView"
        android:layout_width="match_parent"
        android:layout_height="match_parent"
        />

</LinearLayout>
```

放置一個 WebView，並設定其 id 為 webView. 回到 MainActivity.java

```java
package tw.brad.ch10_webview1;

import android.os.Bundle;
import android.support.v7.app.AppCompatActivity;
import android.webkit.WebView;

public class MainActivity extends AppCompatActivity {
    private WebView webView;

    @Override
    protected void onCreate(Bundle savedInstanceState) {
        super.onCreate(savedInstanceState);
        setContentView(R.layout.activity_main);

        webView = (WebView)findViewById(R.id.webView);
        initWebView();
    }

    private void initWebView(){
        webView.loadUrl("file:///android_asset/main.html");
    }

}
```

使 WebView 載入專案中網頁檔案資源，呼叫其 loadUrl(" 專案資源檔案 Url 字串 ")。而專案資源的格式為：file:///android_asset/ 檔案名稱，將會對應到【app → assets →檔案名稱】。也就是說，通訊協定為 file://，而資料的根為 /android_assets，存取 main.hmtl 檔案資源。

呈現結果如右圖：

如果 WebView 所載入的內容來自於網際網路，則必須先開啟使用權限。

```
<uses-permission android:name="android.permission.INTERNET"/>
```

使 WebView 載入網際網路的網頁檔案資源，也是呼叫其 loadUrl() 方法，傳遞的字串參數與一般瀏覽器的網址列輸入一樣。

巡訪網頁間

網頁之間通常都會透過 url 的切換，在預設的狀況下，當使用者點擊一個轉換網頁的 url 的時候，對於 WebView 而言，則是對系統要求發送了一個 Url 的 Intent Action，而將啟動該行動裝置上的瀏覽器啟動。但是，這往往不是開發者所想要的模式，而應該是在原本的 WebView 來呈現要轉換網頁的內容．針對這要需求，必須使 WebView 設定一個 WebViewClient 物件實體，才將會具有網頁用戶端的角色。

```
webView.setWebViewClient(new WebViewClient());
```

預設的狀況下，WebView 並不支援使用 JavaScript，而要使 WebView 支援使用 JavaScript，則必須透過其物件實體呼叫 getSettings() 取得 WebSettings 物件實體後，進行呼叫 setJavaScriptEnabled() 方法。

```
WebSettings webSettings = webView.getSettings();
webSettings.setJavaScriptEnabled(true);
```

雖然已經支援使用 JavaScript，但是卻在使用 alert()，prompt() 或是 confirm() 時，發現並沒有任何浮現對話框出現，此時，必須先為 WebView 物件實體設定一個 WebChromeClient 物件，並且使其 WebSettings 物件設定 setJavaScriptCanOpenWindowsAutomatically() 為 true。

```
private void initWebView(){
    webView.setWebViewClient(new WebViewClient());
    webView.setWebChromeClient(new WebChromeClient());

    WebSettings webSettings = webView.getSettings();
    webSettings.setJavaScriptEnabled(true);
    webSettings.setJavaScriptCanOpenWindowsAutomatically(true);

    webView.loadUrl("file:///android_asset/main.html");
}
```

最後，整合一下 JavaScript 的應用，將 main.html 改寫如下：

```
<script src="js/jquery-3.2.1.min.js"></script>
<script>
    function test1(){
        $("#name").html("Brad")
    }
    function test2(){
        alert("Hello,Brad")
    }

</script>
<h1>Brad Big Company</h1>
<hr />
Hello,<span id='name'>World</span><br />
<a href="page2.html">Page 2</a>
<hr />
<button onclick="test1()">Test 1</button><br />
<button onclick="test2()">Test 2</button><br />
```

同時，也下載了 jQuery 放在【app → assets → js 資料夾】下。test1() 將會發現 JavaScript 已經可以使用在 jQuery，而 test2() 則可以浮現 JavaScript 的對話框。

Android 與 WebView 之互動方式

Android 呼叫 JavaScript 方法

先在網頁資源檔案中加上一個 JavaScript 的 function 定義，例如：

```
function callFromAndroid(name) {
    $("#name").html(name)
}
```

以下範例稍微修改一下版面配置，如下：

```xml
<?xml version="1.0" encoding="utf-8"?>
<LinearLayout xmlns:android="http://schemas.android.com/apk/res/android"
    xmlns:app="http://schemas.android.com/apk/res-auto"
    xmlns:tools="http://schemas.android.com/tools"
    android:layout_width="match_parent"
    android:layout_height="match_parent"
    android:orientation="vertical"
    tools:context="tw.brad.ch10_webview1.MainActivity">

    <RelativeLayout
        android:layout_width="match_parent"
        android:layout_height="wrap_content">
        <Button
            android:id="@+id/test3"
            android:layout_width="wrap_content"
            android:layout_height="wrap_content"
            android:text="Test3"
            android:textAllCaps="false"
            android:onClick="test3"
            android:layout_alignParentRight="true"
            />
        <EditText
            android:id="@+id/inputName"
            android:layout_width="match_parent"
            android:layout_height="wrap_content"
            android:layout_alignParentLeft="true"
            android:layout_alignTop="@id/test3"
            android:layout_alignBottom="@id/test3"
```

```
        />
    </RelativeLayout>
    <WebView
        android:id="@+id/webView"
        android:layout_width="match_parent"
        android:layout_height="match_parent"
        />
</LinearLayout>
```

回到 MainActivity.java：

```
private EditText inputName;
......
@Override
protected void onCreate(Bundle savedInstanceState) {
    super.onCreate(savedInstanceState);
    setContentView(R.layout.activity_main);

    inputName = (EditText)findViewById(R.id.inputName);

    webView = (WebView)findViewById(R.id.webView);
    initWebView();
}

private void initWebView(){
    webView.setWebViewClient(new WebViewClient());
    webView.setWebChromeClient(new WebChromeClient());

    WebSettings webSettings = webView.getSettings();
    webSettings.setJavaScriptEnabled(true);
    webSettings.setJavaScriptCanOpenWindowsAutomatically(true);

    webView.loadUrl("file:///android_asset/main.html");
}

public void test3(View view){
    String name = inputName.getText().toString();
    webView.loadUrl("javascript:callFromAndroid('" + name + "')");
}
```

在 Android 中，仍然呼叫 WebView 之 loadUrl() 方法，透過傳遞字串格式：
"javascript: 呼叫的方法 (傳遞參數)"，即可達到此一目的。

可以應用的場合非常多，例如以 WebView 來呈現網頁的 Google Map，而由 Android 來取得使用者當前的所在位置的經緯度資訊，傳遞給 WebView，即時變更地圖中心位置相關資訊，或是導航資訊等等。

JavaScript 觸發 Android 的方式

反過來的應用，就是在 WebView 的 JavaScript 中可以傳遞資料給 Android，處理上是透過一個 JavaScript 在 Android 端的介面物件來進行處理。

先在 Android 中定義一個自訂類別，如下：

```
public class MyJSObject {

  @JavascriptInterface
  public void callFromJavaScript(String mesg) {
      Toast.makeText(MainActivity.this,mesg,Toast.LENGTH_SHORT).show();
  }
}
```

重點

* 一般 Java 類別定義

* 提供的物件方法，必須是 public 的存取修飾字，並加上 @JavascriptInterface

* 如果有參數，通常是 String 型別

在由 WebView 物件實體，呼叫 addJavascriptInterface() 方法引入該自訂類別的物件實體，並提供自訂的介面名稱，提供給 WebView 的 JavaScript 呼叫使用。

```
webView.addJavascriptInterface(new MyJSObject(),"Brad");
```

回到 JavaScript 來處理：

```
function test3(){
   Brad.callFromJavaScript("Brad");
}
```

此處的 "Brad"，就是在 WebView 所設定的介面名稱。如此，即可將 JavaScript 的資料提供給 Android 進行處理。

Android 4.4 之後的 WebView

在 Android 4.4+ 之後的版本，將以不同的 WebView 進行實作，這是基於 Chromium 實作的新版本 WebView，除了增進其效能，並且支援標準的 HTML5、CSS3，以及最新的網頁瀏覽器的 JavaScript。因此建議讀者將專案的 targetSdkVersion 設定在 19 以上。

11

定位與地圖

GPS

Google Map API

建立 GoogleMap 的專案

GPS

GPS 即是 Global Position System 全球定位系統，想必是每個人在行動裝置上都使用過的功能，在開發處理上非常容易，透過 Google Play 的服務 API 即可。因此，筆者強烈建議使用 Google Location Service 的 API。

定位服務

整個定位服務的框架就是以 LocationManager 物件為核心，通常是透過 Context.getSystemService(Context.LOCATION_SERVICE) 來取得。而 LocationManager物件可以處理以下三種任務：

◆ 查出使用者在所有 LocationProvider 上最近一次的位置

◆ 註冊 / 解除更新使用者位置資訊

◆ 註冊 / 解除用來觸發接近範圍的 Intent

使用權限要求

Android 中定位更新都是從 NETWORK_PROVIDER 或 GPS_PROVIDER，為了接收位置更新必須要有使用權限：

```
<uses-permission android:name="android.permission.ACCESS_COARSE_LOCATION"/>
<uses-permission android:name="android.permission.ACCESS_FINE_LOCATION"/>
```

若使用的 Android 版本為 Android5.0 或以上（API 21），必須聲明應用程式使用android.hardware.location.network 或 android.hardware.location.gps，這決定應用程式是否接收 NETWORK_PROVIDER 或 GPS_PROVIDER 的位置更新：

```
<uses-feature android:name="android.hardware.location.gps"/>
<uses-feature android:name="android.hardware.location.network"/>
```

而定位服務是屬於危險權限，也就是會觸及使用者的隱私，因此必須在執行階段要求使用者允許開放權限。

```
@Override
protected void onCreate(Bundle savedInstanceState) {
    super.onCreate(savedInstanceState);
    setContentView(R.layout.activity_main);
```

```
        if (ContextCompat.checkSelfPermission(this,
                Manifest.permission.ACCESS_FINE_LOCATION)
                != PackageManager.PERMISSION_GRANTED) {
            ActivityCompat.requestPermissions(this,
                    new String[]{Manifest.permission.ACCESS_FINE_LOCATION,
                            Manifest.permission.ACCESS_COARSE_LOCATION},
                    1);
        }else{
            init();
        }
    }

    @Override
    public void onRequestPermissionsResult(int requestCode, @NonNull
    String[] permissions,@NonNull int[] grantResults) {
        super.onRequestPermissionsResult(requestCode, permissions,
        grantResults);

        if (grantResults.length > 0
                && grantResults[0] == PackageManager.PERMISSION_GRANTED) {
            init();
        }
    }
}
```

位置更新請求

開始透過 LocationManager 物件進行取得使用者定位的位置物件 Location。

```
    private LocationManager locationManager;
    private Location lastLocation;
    private Location nowLocation;
......
locationManager =
            (LocationManager)getSystemService(LOCATION_SERVICE);
```

可以取得最近一次的定位位置，以及即時更新的位置。

```
lastLocation =
        locationManager.getLastKnownLocation(LocationManager.GPS_PROVIDER);
if (lastLocation != null) {
    double lat = lastLocation.getLatitude();
    double lng = lastLocation.getLongitude();
    Log.i("brad", "Last: " + lat + ", " + lng);
}
```

lastLocation 物件有可能傳回 null，因此必須確認之後再進行相關的存取。

而即時更新的位置，則先來定義自訂類別，並宣告 implements LocationListener 的介面。

```
private class MyLocationListener implements LocationListener {

    @Override
    public void onLocationChanged(Location location) {
        nowLocation = location;
        double lat = nowLocation.getLatitude();
        double lng = nowLocation.getLongitude();

        Log.i("brad", "Now: " + lat + ", " + lng);
    }

    @Override
    public void onStatusChanged(String s, int I,Bundle bundle) {

    }

    @Override
    public void onProviderEnabled(String s) {

    }

    @Override
    public void onProviderDisabled(String s) {

    }
}
```

之後，就可以使 LocationManager 物件要求位置更新的 Listener：

```
private MyLocationListener myLocationListener;
......
myLocationListener = new MyLocationListener();
    locationManager.requestLocationUpdates(LocationManager.GPS_
    PROVIDER,1*1000,100, myLocationListener);
```

第二個參數是用來設定以千分之一秒為單位的更新頻率， 第三個參數則是設定以公尺為單位的位移距離。

也記得在特定的狀況下解除更新，以下是在 Activity 結束前。

```
@Override
public void finish() {
    locationManager.removeUpdates(myLocationListener);
    super.finish();
}
```

當使用模擬器的時候，可以點擊 ...，出現以下更多功能的畫面：

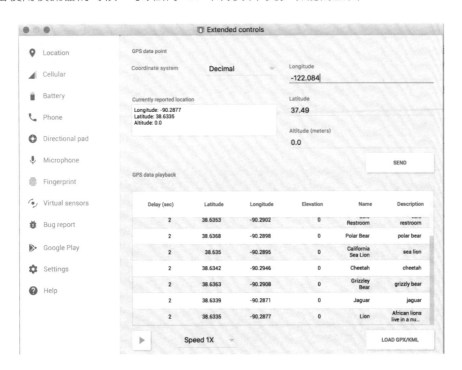

讀者應該可以很容易在網際網路上找到許多 GPX 或是 KML 的測試樣本檔，在右下角的按鈕進行匯入，並按下下方的三角形播放鍵，就可以開始模擬使用者行進的狀態。在上述程式的執行，就應該會看到以下的 Log。

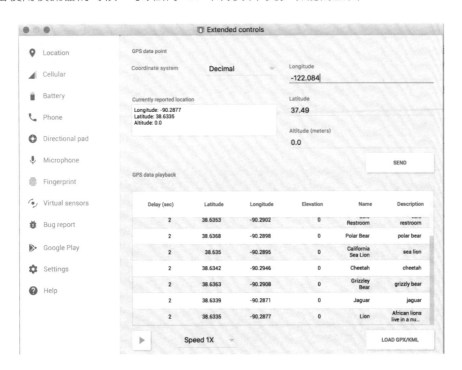

Google Map API

API 為應用程式介面（Application Programming Interface），雖然他稱為介面，但是是屬於一個抽象的概念，不具有實際操作的地方，功能則是銜接不同軟體系統，等於一個做好的溝通橋梁，不用自己去編寫。

Google Play Service 安裝

要使用 Google Map API 之前，要先確認一下開發環境 Android Studio 是否已經安裝了 Google Play Service。

在 Android Studio 的偏好設定中，找到了 Appearance & Behavioev 下的 System Settings，點擊 Android SDK，在右邊詳細內容中，再度點擊 SDK Tools 的頁籤，找到 Google Play Service。

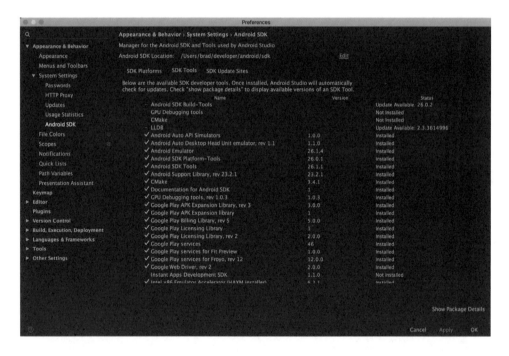

在以下的程序中，請先確認已經完成以下事項。

1. 成為 Google Developer

2. 在 Android Studio 登入該開發者帳號

點擊 Android Studio 右上角的人像。

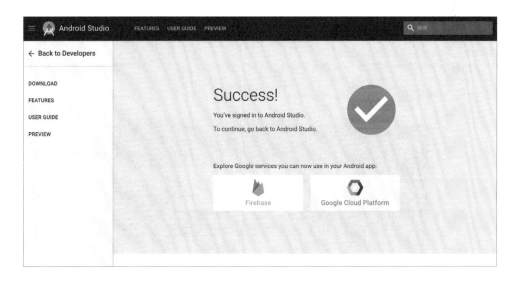

接著將會透過瀏覽器導引登入程序。

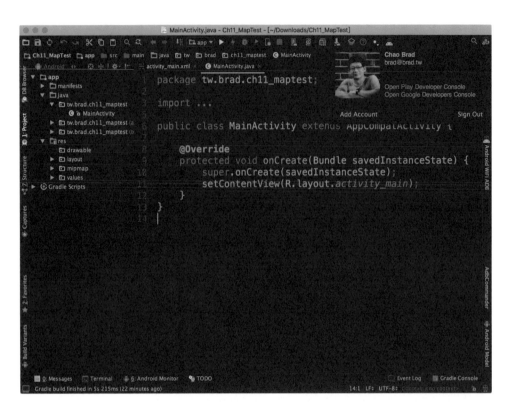

回到 Android Studio，右上角就已經登入開發者帳號。

建立 GoogleMap 的專案

若要建立一個 GoogleMap 的專案，可以直接從建立專案【File → New → New Project】，並直接選擇 Google Map 的 Activity，若直接選擇此 Activity，除了 GoogleMap 的 API 之外，大部分該設定的都幫你設定好了。

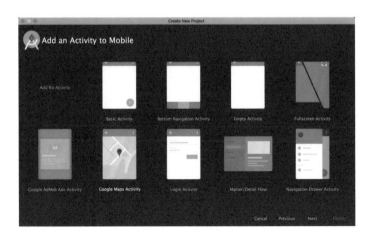

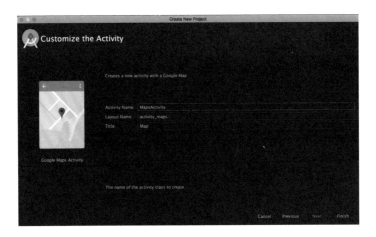

來到專案開發視窗，就已經開啟【app → res → values → google_maps_api.xml
檔案】。

```
<resources>
    <!--
    TODO: Before you run your application,you need a Google Maps API
    key.

    To get one, follow this link,follow the directions and press "Create"
    at the end:

    https://console.developers.google.com/flows/enableapi?apiid=maps_
    android_backend&keyType=CLIENT_SIDE_ANDROID&r=XX:XX:XX:XX:XX:XX:XX:XX
    :XX:XX:XX:XX:XX:XX:XX:XX:XX:XX:XX:XX%3Btw.brad.ch11_mapproj

    You can also add your credentials to an existing key,using these
    values:

    Package name:
    40:FC:60:E4:DD:16:E5:4B:D6:BB:8B:6C:22:CF:89:F3:F4:D3:21:44

    SHA-1 certificate fingerprint:
    40:FC:60:E4:DD:16:E5:4B:D6:BB:8B:6C:22:CF:89:F3:F4:D3:21:44

    Alternatively,follow the directions here:
    https://developers.google.com/maps/documentation/android/start#get-
    key

    Once you have your key (it starts with "AIza"),replace the "google_
    maps_key"
    string in this file.
```

```
    -->
    <string name="google_maps_key" templateMergeStrategy="preserve"
    translatable="false">YOUR_KEY_HERE</string>
</resources>
```

請依照自動產生的連結前往取的金鑰。記得，這是針對該專案所自動產生出來的，並不要去複製他人網路散布的原始碼，或是自己其他專案。

最後將產生的金鑰，複製貼回專案 YOUR_KEY_HERE 的地方即可。

首次執行專案

至此準備就緒，直接執行專案在模擬器上面試看看，可能就發生這樣的情況。

原因就是因為模擬器上面尚未安裝 Google Play Service，因此若想要在模擬器上能運作正常，就必須安裝 Google Play Service。

直接執行在實機上面。

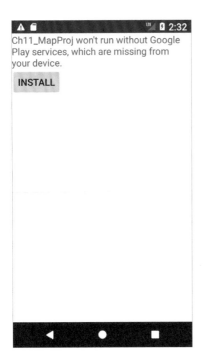

至此就可以正式開始開發地圖相關的功能了。但只是利用 Android Studio 來建立出預設的模式，以下接著開始認識使用 Google Maps API 了。

建立一個 Empty Activity，就像之前的單元一樣，打算以 LinearLayout 來配置全局，螢幕上方有幾個 Button 來測試練習功能，其他區域就是地圖呈現。

activity_main.xml

```xml
<?xml version="1.0" encoding="utf-8"?>
<LinearLayout xmlns:android="http://schemas.android.com/apk/res/android"
    xmlns:app="http://schemas.android.com/apk/res-auto"
    xmlns:tools="http://schemas.android.com/tools"
    android:layout_width="match_parent"
    android:layout_height="match_parent"
    tools:context="tw.brad.ch11_mapproj.MainActivity"
    android:orientation="vertical"
    >
```

```xml
<LinearLayout
    android:layout_width="match_parent"
    android:layout_height="wrap_content"
    android:orientation="horizontal"
    >
    <Button
        android:layout_width="0dp"
        android:layout_weight="1"
        android:layout_height="wrap_content"
        android:text="test1"
        android:onClick="test1"
        />
    <Button
        android:layout_width="0dp"
        android:layout_weight="1"
        android:layout_height="wrap_content"
        android:text="test2"
        android:onClick="test2"
        />
    <Button
        android:layout_width="0dp"
        android:layout_weight="1"
        android:layout_height="wrap_content"
        android:text="test3"
        android:onClick="test3"
        />
</LinearLayout>
<fragment
    android:id="@+id/mainmap"
    android:name="com.google.android.gms.maps.SupportMapFragment"
    android:layout_width="match_parent"
    android:layout_height="match_parent"
    tools:context="tw.brad.ch11_mapproj.MainActivity" />

</LinearLayout>
```

重點就是版面配置中的 fragment。

◆ android:name 指 定 為 SupportMapFragment，使 用 來 支 援 API Level 21
（不含）以前的版本，如果只打算支援 API Level 21+ 的版本，則可使用
MapFragment。

◆ 給予一個 id，以利程式中處理。

回到 MainActivity.java

```java
package tw.brad.ch11_mapproj;

import android.os.Bundle;
import android.support.v4.app.FragmentManager;
import android.support.v7.app.AppCompatActivity;

import com.google.android.gms.maps.CameraUpdateFactory;
import com.google.android.gms.maps.GoogleMap;
import com.google.android.gms.maps.OnMapReadyCallback;
import com.google.android.gms.maps.SupportMapFragment;
import com.google.android.gms.maps.model.LatLng;
import com.google.android.gms.maps.model.MarkerOptions;

public class MainActivity extends AppCompatActivity implements
OnMapReadyCallback {
    private GoogleMap googleMap;

    @Override
    protected void onCreate(Bundle savedInstanceState) {
        super.onCreate(savedInstanceState);
        setContentView(R.layout.activity_main);

        FragmentManager fmgr = getSupportFragmentManager();
        SupportMapFragment mapFragment =
                (SupportMapFragment)fmgr.findFragmentById(R.id.mainmap);
        mapFragment.getMapAsync(this);

    }

    @Override
    public void onMapReady(GoogleMap googleMap) {
        this.googleMap = googleMap;

        // Add a marker in Sydney and move the camera
        LatLng sydney = new LatLng(-34,151);
        this.googleMap .addMarker(new MarkerOptions().position(sydney).
        title("Marker in Sydney"));
        this.googleMap .moveCamera(CameraUpdateFactory.
        newLatLng(sydney));

    }
}
```

重點

- 宣告 implements OnMapReadyCallback，並且實作 onMapReady() 方法。

- onMapReady() 方法會在 Map 載入成功後執行的程式區塊。

- 宣告屬性 GoogleMap 物件，該物件將會在 onMapReady() 中，以傳遞的參數進行指派，得到物件實體。

- 在 onCreate() 中，呼叫 getSuppertFragmentManager() 取得 FragmentManager 物件實體。如果只支援 API Level 21+，則使用 getFragmentManager()，要與版面配置中的搭配使用。

- 再由 FragmentManager 物件實體，透過 findFragmentById() 從版面中取得 SupportMapFragment，若是使用 getFragmentManager()，則是取得 MapFragment 物件實體。

- 而 SupportMapFragment 來呼叫 getMapAsync() 進行非同步載入。

以上的簡單處理，執行後可看到以下畫面。

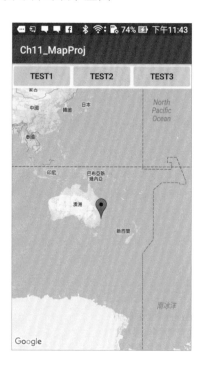

LatLng 經緯度

宣告經緯度時，可用 LatLng 來存取 latitude（緯度）和 longitude（經度）的值

```
LatLng(double latitude, double longitude)
```

addMarker 標記

根據使用者的使用情形在 Google Map 上標記，且標記的 Marker 可以新增監聽器 OnMarkerClickListener() 和 OnMarkerDragListener() 做更多的使用行為。

```
googleMap.addMarker(new MarkerOptions().position(new LatLng(10,10)).
title("Hello world"));
```

12

影音應用處理

播放音樂

Android 的多媒體框架支援各種常見的影音格式，可將音頻或視頻匯入至專案的資源中，或是透過網路數據流方式下載，再使用 MediaPlayer API 進行播放。

Android 播放音樂可以透過 MediaPlayer 類別物件來進行，並且支援不同的媒體來源。

+ 專案內部資源：通常用於背景音樂

+ 系統共用資源：可以播放使用者下載的音樂

+ 遠端網址資源：透過網際網路播放遠端的音樂內容

針對系統的音量音效則可以由 AudioManager 來負責處理，可用來播放出系統的音效，或是用來處理音量。首先要呼叫 getSystemService()，傳遞 Context.AUDIO_SERVICE，來強制轉型為 AudioManager 物件實體，之後就可以由該物件進行相關的操作。

```java
private AudioManager amgr;

@Override
protected void onCreate(Bundle savedInstanceState) {
    super.onCreate(savedInstanceState);
    setContentView(R.layout.activity_main);

    amgr = (AudioManager)getSystemService(AUDIO_SERVICE);



}
```

播放系統音效，無效按鍵

```java
amgr.playSoundEffect(AudioManager.FX_KEYPRESS_INVALID);
```

或是標準鍵盤按鍵

```java
amgr.playSoundEffect(AudioManager.FX_KEYPRESS_STANDARD);
```

都是定義在 AudioManager.FX_XXX

取得特定串流目前的音量

```
int vol = amgr.getStreamVolume(AudioManager.STREAM_MUSIC);
```

設定增加音量（音樂串流為例）

```
amgr.adjustStreamVolume(AudioManager.STREAM_MUSIC,
    AudioManager.ADJUST_RAISE,
    0);
```

設定降低音量（音樂串流為例）

```
amgr.adjustStreamVolume(AudioManager.STREAM_MUSIC,
    AudioManager.ADJUST_LOWER,
    0);
```

建議提供使用者在 app 中調整音量，因為可以減少行動裝置上面實體音量鍵的使用次數，提高實體音量鍵的使用期限。

因此，在版面配置中放一個 SeekBar。

```
<SeekBar
    android:id="@+id/vol"
    android:layout_width="match_parent"
    android:layout_height="wrap_content"
    android:min="0"
    />
```

這個 SeekBar 將會針對音量大小的調整，顯示視覺化的介面給使用者。

```
private SeekBar vol;
......
    int nowvol = amgr.getStreamVolume(AudioManager.STREAM_MUSIC);
    vol.setProgress(nowvol);

    vol.setOnSeekBarChangeListener(new SeekBar.
    OnSeekBarChangeListener() {
        @Override
        public void onProgressChanged(SeekBar seekBar, int I,
        boolean b) {
            if (b){
                amgr.setStreamVolume(AudioManager.STREAM_MUSIC,
                    I, 0);
```

```
                    int nowvol = amgr.getStreamVolume(AudioManager.
                    STREAM_MUSIC);
                    vol.setProgress(nowvol);
                }
            }

            @Override
            public void onStartTrackingTouch(SeekBar seekBar) {

            }

            @Override
            public void onStopTrackingTouch(SeekBar seekBar) {

            }
        });
......
    public void vol1(View view){
        amgr.adjustStreamVolume(AudioManager.STREAM_MUSIC,
                AudioManager.ADJUST_RAISE,
                0);
        int nowvol = amgr.getStreamVolume(AudioManager.STREAM_MUSIC);
        vol.setProgress(nowvol);
    }
    public void vol2(View view){
        amgr.adjustStreamVolume(AudioManager.STREAM_MUSIC,
                AudioManager.ADJUST_LOWER,
                0);
        int nowvol = amgr.getStreamVolume(AudioManager.STREAM_MUSIC);
        vol.setProgress(nowvol);
    }
```

背景音樂播放

就以背景音樂播放為例來實作了解如何播放專案內部資源音樂檔。

先將選好的音樂檔案放在【app → res → raw 資料夾】下,剛新建立的專案架構中,可能沒有 raw 資料夾,可以【 File → New → Folder → Res Folder 】之後,在以下對話框中,勾選 Change Folder Location,並輸入 src/main/res/raw,按下 Finish 鍵即可。

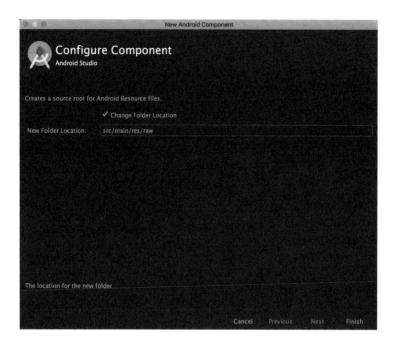

因為是背景音樂，所以不會在前景使用者介面中與使用者互動，會將重點放在 Service 來處理。而 Service 將會是採取 Bound Service 的模式，也就是其生命週期將會相依於特定的 Context。

新建立一個 PlayBGMusicService.java，複習一下在 Service 章節中所介紹的 Bound Service 觀念來處理。

```
package tw.brad.ch11_maptest;

import android.app.Service;
import android.content.Intent;
import android.os.Binder;
import android.os.IBinder;

public class PlayBGMusicService extends Service {
    private final IBinder mBinder = new LocalBinder();

    public class LocalBinder extends Binder {
        PlayBGMusicService getService() {
            return PlayBGMusicService.this;
        }
    }

    @Override
```

```
    public IBinder onBind(Intent intent) {
        return mBinder;
    }

    @Override
    public void onCreate() {
        super.onCreate();
    }

    @Override
    public void onDestroy() {
        super.onDestroy();
    }
}
```

來到搭配的 MainActivity.java

```
    private PlayBGMusicService mService;
    private boolean mBound = false;
    private ServiceConnection mConnection = new ServiceConnection() {
        @Override
        public void onServiceConnected(ComponentName className,
                                       IBinder service) {
            PlayBGMusicService.LocalBinder binder =
                    (PlayBGMusicService.LocalBinder) service;
            mService = binder.getService();
            mBound = true;
        }

        @Override
        public void onServiceDisconnected(ComponentName arg0) {
            mBound = false;
        }
    };
......
    @Override
    protected void onStart() {
        super.onStart();

        Intent intent = new Intent(this,PlayBGMusicService.class);
        bindService(intent, mConnection, Context.BIND_AUTO_CREATE);

    }
    @Override
    protected void onStop() {
```

```
        super.onStop();
        if (mBound) {
            unbindService(mConnection);
            mBound = false;
        }
    }
```

處理到這個階段，就再度回到 PlayBGMusicService 中去專注 MediaPlayer 要做
的事。

```
    private MediaPlayer mediaPlayer;
......
    @Override
    public void onCreate() {
        super.onCreate();

        mediaPlayer = MediaPlayer.create(this,R.raw.try_everything);
        mediaPlayer.setLooping(true);
        mediaPlayer.start();
    }

    @Override
    public void onDestroy() {
        super.onDestroy();
        mediaPlayer.stop();
    }
```

重點

- ◆ 宣告一個 MediaPlayer 類別物件屬性

- ◆ 在 onCreate() 中，呼叫 MediaPlayer.create()，傳遞 R.raw. 音樂檔資源名稱，
  來得到物件實體

- ◆ 因為是背景音樂，所以設定 setLooping() 為無限循環播放

- ◆ start() 開始播放

- ◆ stop() 停止播放

執行看看，只要一啟動 MainActivity，就開始播放設定的背景音樂。而當前景進
入到暫停或是離開狀態，則將自動停止播放。搭配前一單元的 AudioManager 物
件，還可以即時調整音量大小聲。

系統共用資源音樂播放

這種模式的處理，將會涉及其他的技術搭配運用。

◆ 讀取外部共用資源的危險權限處理

◆ 以 ListView 讀取音樂檔案列表

◆ 音樂檔案資訊內容讀取，以 mp3 格式為例

◆ 以 Start Service 模式播放 MediaPlayer，並與 MediaPlayer 互動

activity_main.xml

```xml
<?xml version="1.0" encoding="utf-8"?>
<LinearLayout xmlns:android="http://schemas.android.com/apk/res/android"
    xmlns:app="http://schemas.android.com/apk/res-auto"
    xmlns:tools="http://schemas.android.com/tools"
    android:layout_width="match_parent"
    android:layout_height="match_parent"
    tools:context="tw.brad.ch12_playmusic.MainActivity"
    android:orientation="vertical"
    >

    <LinearLayout
        android:layout_width="match_parent"
        android:layout_height="wrap_content"
        android:orientation="horizontal"
        >
        <Button
            android:layout_width="0dp"
            android:layout_weight="1"
            android:layout_height="wrap_content"
            android:text="restart"
            android:onClick="restartPlay"
            />
        <Button
            android:layout_width="0dp"
            android:layout_weight="1"
            android:layout_height="wrap_content"
            android:text="stop"
            android:onClick="stopPlay"
            />
    </LinearLayout>
    <SeekBar
        android:id="@+id/preogress"
```

```
        android:layout_width="match_parent"
        android:layout_height="wrap_content"
        />
    <ListView
        android:id="@+id/listPlay"
        android:layout_width="match_parent"
        android:layout_height="match_parent"
        />
</LinearLayout>
```

以及搭配的選單項目內容

listitem.xml

```
<?xml version="1.0" encoding="utf-8"?>
<LinearLayout
    xmlns:android="http://schemas.android.com/apk/res/android"
    android:orientation="vertical"
    android:layout_width="match_parent"
    android:layout_height="match_parent">
    <TextView
        android:id="@+id/item_title"
        android:layout_width="match_parent"
        android:layout_height="wrap_content"
        android:textSize="24sp"
        />
</LinearLayout>
```

回到 MainActivity.java，將前述相關技術，除了 Start Service 之外都已融入。

```
public class MainActivity extends AppCompatActivity {
    private ListView listPlay;
    private List<Map<String,String>> data;
    private MediaPlayer mediaPlayer;

    @Override
    protected void onCreate(Bundle savedInstanceState) {
        super.onCreate(savedInstanceState);
        setContentView(R.layout.activity_main);

        if (ContextCompat.checkSelfPermission(this,
                Manifest.permission.READ_EXTERNAL_STORAGE)
                != PackageManager.PERMISSION_GRANTED) {
            ActivityCompat.requestPermissions(this,
```

```
                        new String[]{Manifest.permission.READ_EXTERNAL_
                        STORAGE},
                        0);
        }else{
            init();
        }
    }

    @Override
    public void onRequestPermissionsResult(int requestCode,@NonNull
    String[] permissions,@NonNull int[] grantResults) {
        super.onRequestPermissionsResult(requestCode,permissions,
        grantResults);
        if (grantResults.length > 0
                && grantResults[0] == PackageManager.PERMISSION_GRANTED) {
            init();
        }else{
            finish();
        }
    }

    private void init(){
        listPlay = (ListView)findViewById(R.id.listPlay);

        data = new LinkedList<>();
        readMusicList();
        String[] title = {"title"};
        int[] res = {R.id.item_title};
        SimpleAdapter adapter =
                new SimpleAdapter(this,data,R.layout.listitem,title,res);
        listPlay.setAdapter(adapter);

    }

    private void readMusicList(){
        File musicDir =
                Environment.getExternalStoragePublicDirectory(
                        Environment.DIRECTORY_MUSIC);
        File[] files = musicDir.listFiles();
        MediaMetadataRetriever mmr = new MediaMetadataRetriever();
        for (File musicFile:files){
            if (musicFile.isFile()){

                mmr.setDataSource(musicFile.toString());
                // 歌曲名稱
                String titleName =
```

```
                    mmr.extractMetadata(
                            MediaMetadataRetriever.METADATA_KEY_
                            TITLE);
            // 演唱者
            String artistName =
                    mmr.extractMetadata(
                            MediaMetadataRetriever.METADATA_KEY_
                            ARTIST);

            HashMap<String,String> music = new HashMap<>();
            music.put("title", titleName + " - " + artistName);
            music.put("filename", musicFile.toString());
            data.add(music);
        }
    }
  }

}
```

讀取 mp3 檔案資訊內容將會透過 MediaMetadataRestriever 物件實體來進行。
先以 setDataSource() 將指定檔案傳遞，就可以經由呼叫 extractMetadata() 方法
取得相關資訊。

開始設計 PlayMusicService.java

```
public class PlayMusicService extends Service {
    private MediaPlayer mediaPlayer;

    @Override
    public IBinder onBind(Intent intent) {
        return null;
    }

    @Override
    public void onCreate() {
        super.onCreate();
        mediaPlayer = new MediaPlayer();
    }

    @Override
    public int onStartCommand(Intent intent, int flags, int startId) {
        String state = intent.getStringExtra("state");
        switch (state){
            case "play":
```

```
                playMusic(intent.getStringExtra("playmusic"));
                break;
            case "restart":
                restart();
                break;
            case "stop":
                pause();
                break;
        }

        return super.onStartCommand(intent,flags,startId);
    }

    private void playMusic(String musicFile){
        if (musicFile == null) return;
        if (mediaPlayer != null){
            if (mediaPlayer.isPlaying()) mediaPlayer.stop();
            mediaPlayer.release();
            mediaPlayer = null;
        }

        mediaPlayer = new MediaPlayer();
        try {
            mediaPlayer.setDataSource(musicFile);
            mediaPlayer.prepare();
            mediaPlayer.start();

        } catch (IOException e) {
            e.printStackTrace();
        }

    }

    public void restart(){
        if (mediaPlayer != null && !mediaPlayer.isPlaying()){
            mediaPlayer.start();
        }
    }

    public void pause(){
        if (mediaPlayer != null && mediaPlayer.isPlaying()){
            mediaPlayer.pause();
        }
    }
```

```
    @Override
    public void onDestroy() {
        super.onDestroy();
    }
}
```

也就是準備了三種狀態來提供服務 play、restart 及 stop。至此就可以回到
MainActivity 進行呼叫運用了。

```
private void init(){
    listPlay = (ListView)findViewById(R.id.listPlay);

    data = new LinkedList<>();
    readMusicList();
    String[] title = {"title"};
    int[] res = {R.id.item_title};
    SimpleAdapter adapter =
            new SimpleAdapter(this,data,R.layout.listitem,title,res);
    listPlay.setAdapter(adapter);

    listPlay.setOnItemClickListener(new AdapterView.
    OnItemClickListener() {
        @Override
        public void onItemClick(AdapterView<?> adapterView, View
        view, int I, long l) {
            playMusic(i);
        }
    });

    Intent intent = new Intent(this, PlayMusicService.class);
    intent.putExtra("state","init");
    startService(intent);

}

private void playMusic(int index){
    String musicFile = data.get(index).get("filename");

    Intent intent = new Intent(this,PlayMusicService.class);
    intent.putExtra("state","play");
    intent.putExtra("playmusic", musicFile);
    startService(intent);

}
```

```
public void restartPlay(View view){
    Intent intent = new Intent(this, PlayMusicService.class);
    intent.putExtra("state", "restart");
    startService(intent);

}

public void stopPlay(View view){
    Intent intent = new Intent(this, PlayMusicService.class);
    intent.putExtra("state", "stop");
    startService(intent);
}
```

搭配 SeekBar 來呈現或是改變播放進度,則放在檔案中供讀者參考。

遠端網址資源音樂播放

原理觀念與播放共用資源是一樣的。但是要注意以下幾點:

◆ 專案需要宣告使用權限:INTERNET

◆ 建構 MediaPlayer 物件實體,通常會以 Uri 來指向到遠端的音樂資源

◆ prepare() 方法,視狀況要以非同步方式來處理

```
    Uri uri = Uri.parse( "http://..." );
    mediaPlayer = new MediaPlayer(this, uri);
......
    mediaPlayer.prepareAsync();
    mediaPlayer.setOnPreparedListener(new MediaPlayer.
    OnPreparedListener() {
        @Override
        public void onPrepared(MediaPlayer mediaPlayer) {
            mediaPlayer.start();
        }
    });
```

播放音效

播放音效是透過 SoundPool 類別來管理及執行,由於音效通常都需要具備即時性,所以其特點是在播放期間不會因為 CPU 負載及解壓縮造成延遲,可以即時準確播放音效。

SoundPool 在建構時需要放進一些參數，一個 SoundPool 可以放進多個音效來管理，透過 ID 可以播放不同音效：

◆ 最大串流音效數

◆ 串流類型

◆ 取樣值轉換，設定 0 為預設值即可

```
SoundPool soundPool = new SoundPool(5, AudioManager.STREAM_MUSIC,0);
```

音效檔和音樂一樣必須把檔案放進【 app → res → raw 目錄 】底下，之後音效檔案可以透過 load() 方法將音效 ID 傳入 int 的陣列

```
int[] soundID = new int[2];
soundID[0] = soundPool.load(this'R.raw.sound1,1);
soundID[1] = soundPool.load(this'R.raw.sound2,1);
```

play() 為播放音效的方法裡面需要許多參數：

◆ 欲播放的音效 ID(事先 load() 進的整數)

◆ 左聲道音量 ((float) 0.0f~1.0f)

◆ 右聲道音量 ((float) 0.0f~1.0f)

◆ 優先播放順序

◆ 是否重複

◆ 取樣值

```
soundPool.play(soundID[0],1.0f,1.0f,0,0,1.0f);
```

錄音

Android 錄音功能是根據 MediaRecorder API，可從設備的麥克風錄製音頻、保存並播放，若要錄音必須在 Manifest.xml 取得錄音權限以及寫擋權限。

```
<uses-permission android:name="android.permission.RECORD_AUDIO"/>
<uses-permission android:name="android.permission.WRITE_EXTERNAL_
STORAGE"/>
```

首先必須建構 MediaRecorder 物件、儲存的路徑檔名、判斷是否錄音中的 boolean

```
MediaRecorder mediaRecorder;
String FilePath;
boolean isRecording = false;
```

將 FilePath(儲存路徑) 設定為共用資源名稱為 MyRecorder.3gpp，設定一個 Button 的監聽器，當做開始錄音和結束錄音的按鈕。

```
FilePath = Environment.getExternalStorageDirectory() + "/MyRecord.3gpp";
final TextView tv1=(TextView)findViewById(R.id.tv1);
final Button bt1=(Button)findViewById(R.id.bt1);
bt1.setOnClickListener(new View.OnClickListener(){ ... }
```

Button 監聽器內若現在沒有在錄音 (isRecording==false) 則呼叫 startRecord()

```
if(isRecording==false){
    startRecord();
    isRecording=true;
    bt1.setText(" 結束 ");
    tv1.setText(" 正在錄音 ...");
}else if(isRecording==true){
    endRecord();
    isRecording=false;
    bt1.setText(" 錄音 ");
    tv1.setText(" 錄音結束！ ");
}
```

首先判斷若 MediaRecorder 以有錄音檔存在必須清空，然後

- setAudioSource() 方法為完成初始化，透過 MIC 錄音

- setOutputFormat() 方法設定輸出格式

- setAudioEncoder() 方法設定編碼器

- setOutputFile() 方法輸出檔案

- 之後便可準備錄音 prepare() 然後開始 start()

```
public void startRecord(){
    if(mediaRecorder!=null){
        mediaRecorder.release();
```

```
    }
    mediaRecorder = new MediaRecorder();
    mediaRecorder.setAudioSource(MediaRecorder.AudioSource.MIC);
    mediaRecorder.setOutputFormat(MediaRecorder.OutputFormat.THREE_GPP);
    mediaRecorder.setAudioEncoder(MediaRecorder.AudioEncoder.AMR_NB);
    mediaRecorder.setOutputFile(FilePath);

try {
    mediaRecorder.prepare();
    mediaRecorder.start();
    } catch (Exception e){
        e.printStackTrace();
    }
}
```

以下為結束錄音的方法，只要將此 MediaRecorder 停止 stop() 以及結束 release() 即可

```
public void endRecord(){
    mediaRecorder.stop();
    mediaRecorder.release();
}
```

按下錄音後便可以開始錄音，再次按下便可以結束。

播放影片

在 Android 播放影片可以使用 VideoView 類別，可以在版面配置自行配置 VideoView 的排版及大小，之後便可以用 Button 監聽事件進行播放。

```
<VideoView
    android:id="@+id/videoView1"
    android:layout_width="match_parent"
    android:layout_height="280dp" />

<Button
    android:id="@+id/bt1"
    android:layout_width="match_parent"
    android:layout_height="70dp"
    android:layout_gravity="center"
    android:text="Play"
    android:textSize="30dp" />
```

在 MainActivity Class 宣告一個 boolean 判斷是否正在播放

```
boolean isPlaying = false;
```

宣告完 VideoView 以及 Button 後，便設定 VideoView 的檔案來源，影片檔要放
至【app → res → raw 目錄】底下，之後便可設定 Button 的監聽器。

```
final VideoView videoView = (VideoView)findViewById(R.id.videoView1);
final Button bt1=(Button)findViewById(R.id.bt1);
videoView.setVideoURI(Uri.parse("android.resource://"+getPackageName() +
"/" + R.raw.myvideo1));
bt1.setOnClickListener(new View.OnClickListener(){ ... }
```

監聽器內的內容如下，判斷如果沒有在播放，按下 Button 便開始播放，若已經
在播放，便暫停。

```
videoView.requestFocus();

if(isPlaying==false) {
    videoView.start();
    bt1.setText("Pause");
    isPlaying=true;
}else if(isPlaying==true){
    videoView.pause();
    bt1.setText("Resume");
    isPlaying=false;
}
```

錄影

欲錄製影像呼叫相機需要在 Manifest.xml 中開放權限

```
<uses-permission android:name="android.permission.CAMERA"/>
```

要呼叫錄製影像的相機程式可以透過 Intent 內建錄影程式 MediaStore.ACTION_
VIDEO_CAPTURE 並透過 startActivityForResult() 來做為 MainActivity 和錄影程式
的 Activity 資料交換。

可以利用按鈕監聽器觸發 Intent 需啟動的錄影程式

```
Intent intent  new Intent(MediaStore.ACTION_VIDEO_CAPTURE);
startActivityForResult(intent,0);
```

用 onActivityResult() 方法來將錄好的影像傳回 MainActivity，並且把錄影的資料
放進 Uri 變數內，最後可以放一個 VideoView 並且將回傳數據設定並播放。

```
protected void onActivityResult(int requestCode, int resultCode, Intent
data) {
   super.onActivityResult(requestCode, resultCode, data);
   Uri video = data.getData();
   videoView.setVideoURI(video);
   videoView.requestFocus();
   videoView.start();
}
```

13

相機應用處理

相機功能已經算是行動裝置上面的標準配備了。而在 App 開發上面運用到的相機功能，不外乎兩種模式：

* 拍照是其中一項功能，則可以使用其他相機程式來完成

* 拍照是主要功能，必須有詳細的設定處理

呼叫使用者其他相機 App

Intent 可以直接呼叫已經安裝的相機應用程式，使用者自行決定洗好的相機 App 來處理，透過呼叫 startActivityForResult(Intent intent, int requestCode) 用於兩個 Activity 資料交換的時候。

```
imageView=(ImageView)findViewById(R.id.image_view1);
Button button=(Button)findViewById(R.id.button1);
button.setOnClickListener(new View.OnClickListener() {
    @Override
    public void onClick(View view) {
        Intent intent = new Intent(MediaStore.ACTION_IMAGE_CAPTURE);
        startActivityForResult(intent,0);
    }
});
```

Bitmap 類別物件可以把圖像檔讀進 Android 中，並取得相片的數據 data，之後顯示在 imageView 中。

```
protected void onActivityResult(int requestCode, int resultCode, Intent
data) {
    super.onActivityResult(requestCode, resultCode, data);
    Bitmap bitmap=(Bitmap)data.getExtras().get("data");
    imageView.setImageBitmap(bitmap);
}
```

透過 Button 就可以啟動相機，之後將拍攝的照片顯示在 ImageView 上面。

自訂相機

如果應用程式只需要使用簡易的拍攝功能，Intent 啟動裝置的 Camera 即可完成這簡單的要求，但是如果應用程式需要其它的功能這種做法可能無法滿足，這時透過使用 SurfaceView 與 Camera 類別自訂義一個相機來滿足應用程式需求。

呼叫相機類別（Camera）都是從圖像攝影（image capture）啟動，且要啟動內建相機必須要請求 CAMERA 權限，還有 <uses feature> 來確保相機功能，例如對焦功能。

```
<uses-permission android:name="android.permission.CAMERA" />
<uses-feature android:name="android.hardware.camera" />
<uses-feature android:name="android.hardware.camera.autofocus" />
```

SurfaceView

SurfaceView 為 View 的子類別，相較於一般的 View 必須在 UI Thread 內繪製畫面，SurfaceView 則會在獨立的 Thread 內進行繪製，這樣能避免繪製任務過於繁重的時候影響到 UI Thread，進而提升應用程序的反應速度，且使用雙緩衝模式，解決螢幕因反覆繪製造成不停的閃爍。

使用 SurfaceView 之前先在應用程式元件實現 SurfaceHolder.Callback 的通道，並覆寫 surfaceCreated()、surfaceChanged()、surfaceDestroyed() 分別代表創建、改變、結束等狀態的回呼方法。

```java
public class MainActivity extends Activity implements SurfaceHolder.
Callback {

    @Override
    protected void onCreate(Bundle savedInstanceState) {
        super.onCreate(savedInstanceState);
        setContentView(R.layout.activity_main);
    }

    @Override
    public void surfaceCreated(SurfaceHolder surfaceHolder) {

    }

    @Override
    public void surfaceChanged(SurfaceHolder holder, int format, int
    width, int height) {

    }

    @Override
    public void surfaceDestroyed(SurfaceHolder surfaceHolder) {

    }
}
```

版面配置中加入 FrameLayout 包覆 SurfaceView 與 ImageButton，再於 ImageButton 加入 onClick 事件（此事件在應用程式元件中加入）。

```xml
<FrameLayout
    android:layout_width="match_parent"
    android:layout_height="match_parent">

    <SurfaceView
        android:id="@+id/sv_camera"
        android:layout_width="match_parent"
        android:layout_height="match_parent" />

<ImageButton
    android:layout_width="wrap_content"
```

```
   android:layout_height="wrap_content"
   android:id="@+id/picture"
   android:layout_gravity="center_horizontal|bottom"
   android:src="@android:drawable/ic_menu_camera"
android:onClick="onClick"
 />

</FrameLayout>
```

接著宣告 SurfaceView 與 SurfaceHolder 物件實體屬性。

```
private SurfaceView svCamera;
private SurfaceHolder mSurfaceHolder;
```

使用 SurfaceHolder 來監控 SurfaceView 的狀態,取得 SurfaceView 實體
對象的 getHolder() 給 SurfaceHolder 實體對象,最後將應用程式元件的
SurfaceHolder.Callback 通道配置給 SurfaceHolder ,當 SurfaceView 狀態改變
時 SurfaceHolder 就會呼叫應用程式元件接口的回呼方法。

```
svCamera = (SurfaceView) findViewById(R.id.sv_camera);

mSurfaceHolder = svCamera.getHolder();
mSurfaceHolder.addCallback(MainActivity.this);
```

設定 SurfaceView 的點擊事件進行 Camera 的對焦。

```
svCamera.setOnClickListener(new View.OnClickListener() {
   @Override
   public void onClick(View v) {

   }
});
```

如果完成上述的架構,也就是具有擺放 Camera 的畫面、拍攝事件、對焦事件
以及對畫面的監控,此時自訂相機的外框就完成了,接著就能開始寫入 Camera
類的功能進行內部的操作。

Camera

建立 Camera 物件實體與布林判斷預覽狀態。

```
private Camera myCamera;
private boolean previewing = false;
```

在 SurfaceHolder 監控狀態為 surfaceCreated() 時呼叫 open() 啟用 Camera 。

```
myCamera = Camera.open();
```

監控狀態為 surfaceChanged() 時判斷現在 SurfaceView 是否將 Camera 畫面配置到 SurfaceView 中進行預覽，如果以配置 Camera 的預覽畫面呼叫 stopPreview() 停止預覽畫面，再呼叫 setPreviewDisplay() 重新配置新的預覽畫面並 startPreview() 來啟動預覽畫面。

```
if(previewing){
   myCamera.stopPreview();
   previewing = false;
}

try {
   myCamera.setPreviewDisplay(holder);
   myCamera.startPreview();
   previewing = true;
} catch (IOException e) {
   e.printStackTrace();
}
```

監控狀態為 surfaceDestroyed() 時，呼叫 stopPreview() 停止 Camera 的預覽畫面並 release() 釋放 Camera 。

```
myCamera.stopPreview();
myCamera.release();
myCamera = null;
previewing = false;
```

為了在拍攝後能獲取 Picture ，需要建立一個 Camera 的拍攝回呼方法 Camera. PictureCallback()，覆寫 onPictureTaken() 取得拍攝後 Picture 的 data。請注意此 data 只是暫存的，如果應用程式元件遭到終止此 data 也就會跟著消失，這裡建議使用先前章結介紹的 FileOutputStream 等串流，儲存在外部儲存空間。

```
Camera.PictureCallback mPictureCallback = new Camera.PictureCallback() {
   @Override
   public void onPictureTaken(byte[] data, Camera camera) {


   }
};
```

SurfaceView 的點擊事件中加入 Camera 自動對焦方法 autoFocus(null)，這裡方法裡面填入 null 不進行任何操作，單純觀看對焦後的 Camera 畫面。

```
myCamera.autoFocus(null);
```

最後在第二個點擊事件 onClick() 進行 Camera 的拍攝，使用 autoFocus() 自動對焦並加入自動對焦回呼方法，當 success 對焦成功時呼叫 takePicture() 進行拍攝（記得要填入先前建立的拍攝回呼方法）。

```
myCamera.autoFocus(new Camera.AutoFocusCallback() {
   @Override
   public void onAutoFocus(boolean success, Camera camera) {
       if (success) {
           myCamera.takePicture(null, null, mPictureCallback);
       }
   }
});
```

14

即時資訊應用

發送簡訊

即時通知

發送簡訊

系統發送簡訊

最簡單的發送方式，就是透過系統上既有的簡訊發送程式來處理。

```
String strPhone = " 對方手機號碼 ";
String strMessage = " 簡訊測試 \n 換列測試 ";

Intent sendIntent = new Intent(Intent.ACTION_VIEW);
sendIntent.setType("vnd.android-dir/mms-sms");
sendIntent.putExtra("address", strPhone);
sendIntent.putExtra("sms_body", strMessage);
startActivity(sendIntent);
```

這樣處理的方式，無需處理使用權限。

專案發送簡訊

如果要再自行開發的專案中發送簡訊，可以由 SmsManager 來處理。
SmsManager 可以發送資料、文字訊息等簡訊，透過靜態方法 getDefault() 方法
獲取物件實體。

```
SmsManager smsManager = SmsmManager.getDefault();
```

發送簡訊必須在 AndroidManifest.xml 開啟傳送訊息權限。

```
<uses-permission android:name="android.permission.SEND_SMS"/>
```

而簡訊相關的權限為危險權限範圍內，必須在程式中取得使用者的同意下，才
得以行使相關的功能運作。

```
    private SmsManager smsManager;


    @Override
    protected void onCreate(Bundle savedInstanceState) {
        super.onCreate(savedInstanceState);
        setContentView(R.layout.activity_main);

        if (ContextCompat.checkSelfPermission(this,
```

```
                    Manifest.permission.SEND_SMS)
                != PackageManager.PERMISSION_GRANTED) {
        ActivityCompat.requestPermissions(this,
                new String[]{Manifest.permission.SEND_SMS},
                0);
    }else{
        init();
    }
}


@Override
public void onRequestPermissionsResult(int requestCode, @NonNull
String[] permissions, @NonNull int[] grantResults) {
    super.onRequestPermissionsResult(requestCode, permissions,
    grantResults);
    if (grantResults.length > 0
            && grantResults[0] == PackageManager.PERMISSION_GRANTED) {
        init();
    }
}


private void init(){
    smsManager = SmsManager.getDefault();
}
```

SmsManager

sendTextMessage() 是 SmsManager 類別的物件方法，可以用來傳送簡訊。

```
public void sendSMS(View view){
    smsManager.sendTextMessage(
            "對方手機號碼",
            null,
            "Hello, World",
            null,
            null);
}
```

即時通知

通知訊息是除了應用程式的 UI 外，可以向使用者顯示的訊息，呈現在最上方的通知列。

基本建立通知

從系統服務定義一個通知訊息管理者，可以用來管理之後建立的多個訊息

```
NotificationManager notificationManger = (NotificationManager)
getSystemService(NOTIFICATION_SERVICE);
```

欲建立通知，本身必須建構 NotificationCompat.Builder，並且設定基本通知需要的訊息

- setSmallIcon()：設定通知的小圖示
- setContentTitle()：設定通知的標題
- setContentText()：設定通知的內容
- setContentIntent()：設定點擊通知跳轉 Activity 的動作

宣告 NotificationCompat.Builder（通知訊息本身）以及 NotificationManager（通知管理員）

```
NotificationCompat.Builder notification;
NotificationManager notificationManger;
Button bt1;
```

接著從系統取得通知的服務，之後

- 宣告一個 Intent 用做點擊通知跳轉 Activity，此範例直接跳轉至 MainActivity
- 宣告一個 PendingIntent 把 intent 包起來，可以丟給需要用的地方來呼叫 intent

```
notificationManger = (NotificationManager)getSystemService(NOTIFICATION_
SERVICE);
Intent intent = new Intent();
intent.setClass(MainActivity.this,MainActivity.class);
PendingIntent pendingIntent = PendingIntent.getActivity(MainActivity.
this,0,intent,0);
```

設定通知本身的圖示、標題、內容及跳轉 Activity 的 Intent（intent 已包含在 pendingIntent 裡面了），接下來就是設定一個按鈕監聽器，來觸發通知。

```
notification = new NotificationCompat.Builder(MainActivity.this);
notification.setAutoCancel(true);
notification.setSmallIcon(R.mipmap.ic_launcher);
notification.setContentTitle("即時訊息");
notification.setContentText("點擊返回MainActivity");
notification.setContentIntent(pendingIntent);

bt1 = (Button)findViewById(R.id.BT1);
bt1.setOnClickListener(new View.OnClickListener() { ... }
```

按鈕監聽器內只要呼叫 notificationManger.notify() 方法即可跑出即時通知，並且把要產生的訊息（notification）放入參數並 build() 出來就完成了。

```
notificationManger.notify(0,notification.build());
```

點擊按鈕會出現通知，點擊通知會返回 MainActivity。

15

感應器裝置

Sensor 感應器

Sensor 感應器

Sensor 為感應器,在行動裝置上通常都會內建硬體的感應裝置來判斷運動、位置和環境變化,感應器能以高精準度提供原始數據,例如使用者手勢的運動如:傾斜、搖擺,翻轉,或是判斷環境的光源、溫度、濕度等。

Android 三大感應器

➤ 運動感應器

- 三軸加速感應器:TYPE_ACCELEROMETER

- 重力加速度感應器:TYPE_GRAVITY

- 陀螺儀感應器:TYPE_GYROSCOPE

- 線性加速器感應器:TYPE_LINEAR_ACCELERATION

- 旋轉感應器:TYPE_ROTATION_VECTOR

➤ 環境感應器

- 光線感應器:TYPE_LIGHT

- 溫度感應器:TYPE_AMBIENT_TEMPERATURE

- 濕度感應器:TYPE_RELATIVE_HUMIDITY

- 大氣壓力感應器:TYPE_PRESSURE

➤ 位置感應器

- 磁極感應器:TYPE_MAGNETIC_FIELD

- 接近感應器:TYPE_PROXIMITY

SensorManager

感測器管理員可以允許接收裝置感測器,若要取得 Sensor 的數值必須註冊一個監聽器傳入三個參數。

```
sensorManager.registerListener( SensorEventListener , 要偵測的感測器 , 監聽頻率 );
```

感測器監聽頻率：

- SENSOR_DELAY_FASTEST: 0 秒

- SENSOR_DELAY_GAME: 0.02 秒

- SENSOR_DELAY_NORMAL: 0.2 秒

- SENSOR_DELAY_UI: 0.06 秒

宣告 SensorManager 及 TextView

```
SensorManager sensorManager;
TextView textView;
```

在 onCreat() 內呼叫系統取得感應器的服務。

```
textView=(TextView)findViewById(R.id.tv1);
sensorManager = (SensorManager)getSystemService(SENSOR_SERVICE);
```

宣告一個 SensorEventListener 叫做 listener，而若是感應器的數值有變化時會呼叫 onSensorChanged() 方法。

宣告一個陣列叫做 values 並且將感測器的三軸加速度數值 sensorEvent.values 的值代入，分別為 XYZ，最後將數值顯示在 TextView 上。

```
SensorEventListener listener = new SensorEventListener() {
   @Override
   public void onSensorChanged(SensorEvent sensorEvent) {
       StringBuilder stringBuilder = new StringBuilder();
       float[] values = sensorEvent.values;
       stringBuilder.append("X:"+values[0] +"\n");
       stringBuilder.append("Y:"+values[1] +"\n");
       stringBuilder.append("Z:"+values[2] +"\n");
       textView.setText("三軸加速度"+ "\n" + stringBuilder);
   }

   @Override
   public void onAccuracyChanged(Sensor sensor, int i) {
   }
};
```

最後在 onResume() 註冊 sensorManager 的監聽器並傳入參數

◆ 感應器事件的監聽器

◆ 指定監聽的感應器

◆ 抓取數值頻率

```
@Override
protected void onResume() {
    super.onResume();
sensorManager.registerListener(listener,
sensorManager.getDefaultSensor(Sensor.TYPE_ACCELEROMETER),
SensorManager.SENSOR_DELAY_FASTEST);
}
```

當不需要感應器時可以在 onPause() 呼叫取消註冊。

```
@Override
protected void onPause() {
    super.onPause();
    sensorManager.unregisterListener(listener);
}
```

而其他感應器的使用方式及觀念都完全一樣。唯獨差別在於各個感應器的傳回值，可能是只有一個，也就是 sensorEvent.values[0]。

附錄 A

圖中圖

（Picture-In-Picture）

在 Android 8（API Level 26），提供了更完整的圖中圖（PIP, Picture-In-Picture）的功能。所謂的 PIP，不一定是圖的觀念，可以將觀念延伸為一個 Activity，也就是一個呈現的畫面可以縮小在螢幕的一個角落，並且維持其正常執行的狀態，而同時也可以操作執行另一個應用程式專案。

實作方式如下範例。

先進行組態設定，針對具有 PIP 模式的 Activity，設定其屬性。

```xml
<?xml version="1.0" encoding="utf-8"?>
<manifest xmlns:android="http://schemas.android.com/apk/res/android"
    package="tw.brad.mypiptest">

    <uses-permission android:name="android.permission.INTERNET" />
    <application
        android:allowBackup="true"
        android:icon="@mipmap/ic_launcher"
        android:label="@string/app_name"
        android:roundIcon="@mipmap/ic_launcher_round"
        android:supportsRtl="true"
        android:theme="@style/AppTheme">
        <activity android:name=".MainActivity"
            android:resizeableActivity="true"
            android:supportsPictureInPicture="true"
            android:configChanges=
                "screenSize|smallestScreenSize|screenLayout|orientation"
            >
            <intent-filter>
                <action android:name="android.intent.action.MAIN" />

                <category android:name="android.intent.category.LAUNCHER" />
            </intent-filter>
        </activity>
    </application>

</manifest>
```

而本範例將會從網路資源播放影片，所以要求使用 INTERNET 的權限。

版面配置出一個 FrameLayout，會有一個 VideoView 來進行播放影片，而疊在最
上方有一個 Button，使其進入到 PIP 模式。

```xml
<?xml version="1.0" encoding="utf-8"?>
<FrameLayout xmlns:android="http://schemas.android.com/apk/res/android"
    xmlns:app="http://schemas.android.com/apk/res-auto"
    xmlns:tools="http://schemas.android.com/tools"
    android:layout_width="match_parent"
    android:layout_height="match_parent"
    tools:context="tw.brad.mypiptest.MainActivity"
    android:orientation="vertical"
    >

    <VideoView
        android:id="@+id/videoView"
        android:layout_width="match_parent"
        android:layout_height="match_parent"
        />
    <Button
        android:id="@+id/btn_pip"
        android:layout_width="wrap_content"
        android:layout_height="wrap_content"
        android:layout_gravity="center_horizontal"
        android:onClick="pip"
        android:text="pip"
        />
</FrameLayout>
```

程式部分的重點就是 Activity 所具有的 enterPictureInPictureMode() 方法，該方
法必須傳遞一個參數，就是 PictureInPictureParams 的物件，而該物件將會由
PictureInPictureParams.Builder() 所建構出來。

先使 VideoView 播放遠端資源的影片。

```java
    private PictureInPictureParams.Builder mBuilder;
    private VideoView videoView;
    private MediaPlayer mPlayer;
    private View btn;


    @Override
    protected void onCreate(Bundle savedInstanceState) {
```

```
super.onCreate(savedInstanceState);
setContentView(R.layout.activity_main);

btn = findViewById(R.id.btn_pip);
videoView = (VideoView)findViewById(R.id.videoView);
videoView.setVideoURI(Uri.parse("http://www.bradchao.com/android/
test.mp4"));
videoView.setOnPreparedListener(new MediaPlayer.
OnPreparedListener() {
    @Override
    public void onPrepared(MediaPlayer mediaPlayer) {
        mPlayer = mediaPlayer;
        mPlayer.setLooping(true);
        mPlayer.start();
    }
});

}
```

再來處理按下 PIP 的 Button 的動作。

```
public void pip(View view){
    mBuilder = new PictureInPictureParams.Builder();
    Rational rational = new Rational(9,16);
    mBuilder.setAspectRatio(rational);
    enterPictureInPictureMode(mBuilder.build());

    btn.setVisibility(View.INVISIBLE);

}
```

當然，當縮小之後的 Button 顯得很礙眼，於是用監聽事件來處理。

```
@Override
public void onPictureInPictureModeChanged(boolean
isInPictureInPictureMode, Configuration newConfig) {
    super.onPictureInPictureModeChanged(isInPictureInPictureMode,
    newConfig);
    if (!isInPictureInPictureMode){
        btn.setVisibility(View.VISIBLE);
    }
}
```

一開始播放的畫面

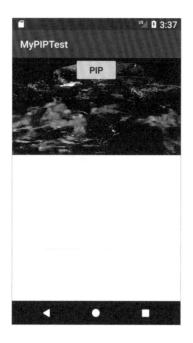

點擊 PIP 的 Button 之後，將會縮小，但是一樣是在執行中。

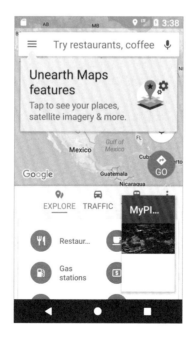

點擊縮小畫面一次，將會擴展。

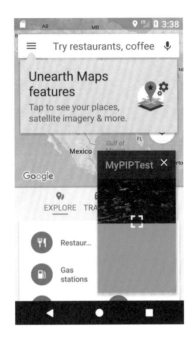

當按下第二次後，將會恢復全螢幕的呈現。

附錄 B

專案練習：

超簡易待辦事項

實作一個以 SharedPerferences 來儲存代辦事項資料及日期。

符合以下需求：

* 以 EditText 輸入待辦事項內容及日期，共有兩個輸入欄位

* 新增按鈕，將輸入資料存入 SharedPerferences 中

* 刪除按鈕，將輸入的待辦事項內容的資料刪除

* 瀏覽按鈕，以 AlertDialog 來呈現出目前的待辦事項

如下圖：

先就版面需求完成了版面配置檔案的規劃。

activity_main.xml

```xml
<?xml version="1.0" encoding="utf-8"?>
<LinearLayout
    xmlns:android="http://schemas.android.com/apk/res/android"
    xmlns:app="http://schemas.android.com/apk/res-auto"
    xmlns:tools="http://schemas.android.com/tools"
    android:layout_width="match_parent"
    android:layout_height="match_parent"
    tools:context="com.example.administrator.my01.MainActivity"
    android:orientation="vertical"
    >
```

```xml
<TextView
    android:layout_width="match_parent"
    android:layout_height="wrap_content"
    android:text=" 待辦事項 "
    android:textSize="24sp"
    />
<EditText
    android:id="@+id/todo"
    android:layout_width="match_parent"
    android:layout_height="wrap_content"
    android:textSize="24sp"
    />
<TextView
    android:layout_width="match_parent"
    android:layout_height="wrap_content"
    android:text=" 待辦期限 "
    android:textSize="24sp"
    />
<EditText
    android:id="@+id/date"
    android:layout_width="match_parent"
    android:layout_height="wrap_content"
    android:inputType="date"
    android:textSize="24sp"
    />
<LinearLayout
    android:layout_width="match_parent"
    android:layout_height="wrap_content"
    android:orientation="horizontal"
    >
    <Button
        android:id="@+id/add"
        android:layout_width="0dp"
        android:layout_weight="1"
        android:layout_height="wrap_content"
        android:text="add"
        />
    <Button
        android:id="@+id/del"
        android:layout_width="0dp"
        android:layout_weight="1"
        android:layout_height="wrap_content"
        android:text="del"
        />
    <Button
        android:id="@+id/show"
```

```
            android:layout_width="0dp"
            android:layout_weight="1"
            android:layout_height="wrap_content"
            android:text="show"
            />

    </LinearLayout>

</LinearLayout>
```

開始開發 MainActivity.java

◆ 首先，先宣告要控制的兩個 EditText，以及三個功能 Button。

◆ 以及，專案要求的 SharedPerferences 和內部類別的 Editor。

```
    private View add, del, show;
    private EditText todo, date;
    private SharedPreferences sp;
    private SharedPreferences.Editor editor;
```

進行處理相關物件的前置作業。

```
        sp = getSharedPreferences("data", MODE_PRIVATE);
        editor = sp.edit();

        todo = (EditText)findViewById(R.id.todo);
        date = (EditText)findViewById(R.id.date);

        add = findViewById(R.id.add);
        del = findViewById(R.id.del);
        show = findViewById(R.id.show);

        add.setOnClickListener(new View.OnClickListener() {
            @Override
            public void onClick(View v) {
                add();
            }
        });
        del.setOnClickListener(new View.OnClickListener() {
            @Override
            public void onClick(View v) {
                del();
            }
        });
```

```
show.setOnClickListener(new View.OnClickListener() {
    @Override
    public void onClick(View v) {
        show();
    }
});
```

接下來分別處理三大方法：

add()

```
private void add(){
    String todoString = todo.getText().toString();
    String dateString = date.getText().toString();

    if (todoString.equals("")){
        Toast.makeText(this, "empty", Toast.LENGTH_SHORT).show();
        return;

    }

    editor.putString(todoString,dateString);
    editor.commit();
    Toast.makeText(this, "Add OK", Toast.LENGTH_SHORT).show();
}
```

del()

```
private void del(){
    String todoString = todo.getText().toString();
    editor.remove(todoString);
    editor.commit();
    Toast.makeText(this, "Delete OK", Toast.LENGTH_SHORT).show();
}
```

而要處理 show()，則將會比較麻煩。因為 sp 物件中的所有資料，都是以 Map 的 Key-Value 方式存放，沒有任何的順序性，而其 Key 皆為 String，Value 則不一定。但是本專案中皆以 <String,String> 處理，所以可以呼叫 getAll() 傳回值進行強制轉型為 Map<String,String> 來處理。

show()

```
private void show(){

    Map<String,String> data =  (Map<String,String>)sp.getAll();
    // from key
    Set<String> todos = data.keySet();
    String[] allTodo = new String[todos.size()];

    int i = 0;
    for (String todo: todos){
        allTodo[i] = todo + "\n" + sp.getString(todo, "");
        i++;
    }

    AlertDialog dialog = null;
    AlertDialog.Builder builder = new AlertDialog.Builder(this);

    builder.setItems(allTodo, new DialogInterface.OnClickListener() {
        @Override
        public void onClick(DialogInterface dialog, int which) {

        }
    });

    dialog = builder.create();
    dialog.show();

}
```

即可輕鬆完成專案開發練習。

C

專案練習：

十組大樂透

實作一個可以一次產生十組大樂透號碼的專案。

符合以下需求：

◆ 按下按鈕，將產生十組隨機而各組之號碼不重複的大樂透（1 ~ 49）

◆ 十組大樂透以 AlertDialog 呈現

◆ 各組號碼從小到大排序

◆ 選擇其中一組號碼後，資料呈現在 TextView 中

如下圖：

先以最迅速的方式處理版面配置，如下：

activity_main.xml

```xml
<?xml version="1.0" encoding="utf-8"?>
<LinearLayout
    xmlns:android="http://schemas.android.com/apk/res/android"
    xmlns:app="http://schemas.android.com/apk/res-auto"
    xmlns:tools="http://schemas.android.com/tools"
    android:layout_width="match_parent"
    android:layout_height="match_parent"
    tools:context="com.example.administrator.myexam02.MainActivity"
```

```
            android:orientation="vertical"
        >

        <TextView
            android:id="@+id/result"
            android:layout_width="wrap_content"
            android:layout_height="wrap_content"
            />
        <Button
            android:id="@+id/dialog"
            android:layout_width="match_parent"
            android:layout_height="wrap_content"
            android:text="Dialog"
            />

</LinearLayout>
```

MainActivity.java 中，先進行前置準備工作。

```
    private View dialog;
    private TextView result;
    private String[] lotterys;

    @Override
    protected void onCreate(Bundle savedInstanceState) {
        super.onCreate(savedInstanceState);
        setContentView(R.layout.activity_main);

        dialog = findViewById(R.id.dialog);
        result = (TextView)findViewById(R.id.result);

        dialog.setOnClickListener(new View.OnClickListener() {
            @Override
            public void onClick(View view) {
                showLottery();
            }
        });
    }
```

重點在於開發 showLottery()，而需求中要求十組樂透號碼，所以先開發出產生一組樂透號碼的 method，再以迴圈方式呼叫執行十次即可。

產生一組樂透號碼：

```java
private String createALottery(){
    TreeSet<Integer> set = new TreeSet<>();
    while (set.size()<6){
        set.add((int)(Math.random()*49+1));
    }
    StringBuffer sb = new StringBuffer();
    for (Integer num : set){
        sb.append(num + "   ");
    }
    return sb.toString();
}
```

再回到 showLottery() 進行開發。

```java
private void showLottery(){
    lotterys = new String[10];
    for (int i=0; i<lotterys.length; i++){
        lotterys[i] = createALottery();
    }

    AlertDialog alert = null;
    AlertDialog.Builder builder =
            new AlertDialog.Builder(this);
    builder.setItems(lotterys, new DialogInterface.OnClickListener() {
        @Override
        public void onClick(DialogInterface dialogInterface, int i) {
            result.setText(lotterys[i]);
        }
    });
    alert = builder.create();
    alert.show();

}
```

又輕鬆完成一個小專案。

專案練習：

OpenData 之 JSON

資料應用

實作一個以農委會OpenData平台的農村地方美食小吃特色料理資料應用專案。

符合以下需求：

◆ 資料來源：
  http://data.coa.gov.tw/Service/OpenData/ODwsv/ODwsvTravel Food.aspx

◆ 以 ListView 呈現所有資料中的名稱及地址

◆ 選取特定的資料後，將呈現更詳細的資料內容

◆ 詳細資料內容頁中，含有一個 ImageView 的影像資料

◆ 詳細資料內容頁的呈現，橫向與直向會有所不同

資料來源是網際網路，所以必須要在 AndroidManifest.xml 中宣告使用權限 INTERNET。

```
<uses-permission android:name="android.permission.INTERNET" />
```

第一個畫面呈現了一個列表，也因為只有一個列表，所以就不需要再另外處理版面配置檔案，而直接將 MainActivity 來繼承 ListActivity 的方式處理較為迅速。

```
public class MainActivity extends ListActivity {
    private ListView listView;

    @Override
    protected void onCreate(Bundle savedInstanceState) {
        super.onCreate(savedInstanceState);
        //setContentView(R.layout.activity_main);

        listView = getListView();
        // getJSONData()
    }
}
```

接下來有兩個主要任務要處理：

1. 到指定的 URL 取得 JSON 資料

2. 解析 JSON 字串資料，轉為 List<Map<String,?>> 的物件實體

取得 JSON 資料的處理，不可以在 Main Thread(UI Thread) 中進行處理，因此以一個簡單的匿名 Thread 來進行。

透過 URL 設定網際網路的資料來源、建立連線、取得輸入串流後，開始將資料結合成為字串。

```
private void getJSONData(){
    new Thread(){
        @Override
        public void run() {
            try {
                URL url = new URL("http://data.coa.gov.tw/Service/
                OpenData/ODwsv/ODwsvTravelFood.aspx");
                HttpURLConnection conn =
                        (HttpURLConnection) url.openConnection();
                conn.connect();

                BufferedReader reader =
                        new BufferedReader(
                                new InputStreamReader(conn.
                                getInputStream()));
```

```
                StringBuffer sb = new StringBuffer();
                String line = null;
                while ( (line = reader.readLine()) != null){
                    sb.append(line);
                }

                reader.close();

                //parseJSON(sb.toString());
            }catch(Exception e){
                Log.i("brad", e.toString());
            }
        }
    }.start();
}
```

而解析 JSON 字串資料，則必須從資料結構的格式來分析。

```
[
    {
        "ID": "01_100",
        "Name": " 湖莓宴餐坊 ",
        "Address": " 苗栗縣大湖鄉富興村八寮彎 2-7 號 4 樓 ",
        "Tel": "037-995677",
        "HostWords": " 湖莓宴開在大湖酒莊的 4 樓，是大湖地區農會經營的田媽媽餐坊，但是不同
於一般田園風格的田媽媽主題餐廳，主打草莓創意料理的湖莓宴，裝潢、菜色都充滿年輕想法，
一群六年級中段班的田媽媽，把她們對草莓的奇思異想，充份發揮在料理上。\r\n 餐廳所供的
菜色會依季節不同做更換，皆以套餐為主，在草莓產季菜單有德國烤豬腳酌草莓醋酸菜、草莓魚
排酌草莓酸辣醬等，另外，這裡的意大利麵可是別處吃不到的哦！因為田媽媽們在麵條中加入了
草莓，遊客吃了會有驚豔之感哦！\r\n 若是水梨產季，則推出水梨風味套餐，其中「水梨磨菇
里肌肉餐」餐點以新鮮的水梨加上鮮嫩多汁的里肌肉以燴飯的方式呈現，讓您吃到水果的鮮甜及
富有彈性的里肌肉，多層次的口感保證讓您回味無窮。",
        "Price": "",
        "OpenHours": "",
        "CreditCard": "True",
        "TravelCard": "True",
        "TrafficGuidelines": "",
        "ParkingLot": "",
        "Url": "",
        "Email": "",
        "BlogUrl": "",
        "PetNotice": "",
        "Reminder": "",
        "FoodMonths": "",
        "FoodCapacity": "",
```

"FoodFeature": " 湖莓宴開在大湖酒莊的 4 樓，是大湖地區農會經營的田媽媽餐坊，但是不同於一般田園風格的田媽媽主題餐廳，主打草莓創意料理的湖莓宴，裝潢、菜色都充滿年輕想法，一群六年級中段班的田媽媽，把她們對草莓的奇思異想，充份發揮在料理上。\r\n 餐廳所供的菜色會依季節不同做更換，皆以套餐為主，在草莓產季菜單有德國烤豬腳酌草莓醋酸菜、草莓魚排酌草莓酸辣醬等，另外，這裡的意大利麵可是別處吃不到的哦！因為田媽媽們在麵條中加入了草莓，遊客吃了會有驚豔之感哦！\r\n 若是水梨產季，則推出水梨風味套餐，其中「水梨磨菇里肌肉餐」餐點以新鮮的水梨加上鮮嫩多汁的里肌肉以燴飯的方式呈現，讓您吃到水果的鮮甜及富有彈性的里肌肉，多層次的口感保證讓您回味無窮。",
    "City": " 苗栗縣 ",
    "Town": " 大湖鄉 ",
    "Coordinate": "24.4402288,120.876103",
    "PicURL": "https://ezgo.coa.gov.tw/Uploads/opendata/TainmaMain01/
    APPLY_D/20151007173924.jpg"
  },
......

這份資料的開頭是以一個中括號 [......] 帶入所有資料，因此最先解析的將是一個 JSONArray 的物件實體。中括號內的元素一定是以逗號分隔，分隔的每個元素是以一個大括號 {......} 處理，此時就將以 JSONObject 來進行解析元素。而每個物件是以【 Key(String) → Value(String) 】處理資料。

處理方式如下：

```
private void parseJSON(String json){
    try {
        data = new LinkedList<>();
        JSONArray root = new JSONArray(json);
        for (int i=0; i<root.length(); i++){
            JSONObject obj = root.getJSONObject(i);

            HashMap<String,String> row = new HashMap<>();
            row.put(from[0], obj.getString("Name"));
            row.put(from[1], obj.getString("Address"));
            row.put("tel", obj.getString("Tel"));
            row.put("imgfile", obj.getString("PicURL"));

            data.add(row);

        }

        //uiHandler.sendEmptyMessage(0);
    }catch(Exception e){

    }
}
```

至此資料都已備齊，就可以顯示在 ListView 中了。但是切記一點，網際網路的行為不得以 Main Thread 處理，但是處理完畢之後，而所有的 UI 都只能在 Main Thread 中才能操作變更。因此會需要以 android.os.Handler 來處理這樣的 IPC 機制。

```java
private class UIHandler extends Handler {
    @Override
    public void handleMessage(Message msg) {
        super.handleMessage(msg);
        initListView();
    }
}
```

顯示資料在 ListView，並且設定按下特定選項後將跳往詳細頁面 DetailActivity（至此尚未建立），並從 LinkedList<HashMap<String,String>> 中取得詳細資料。

```java
private void initListView(){
    adapter = new SimpleAdapter(
            this,data, R.layout.item, from, to);
    listView.setAdapter(adapter);

    listView.setOnItemClickListener(new AdapterView.
    OnItemClickListener() {
        @Override
        public void onItemClick(AdapterView<?> adapterView, View view,
        int i, long l) {
            HashMap<String,String> aData = data.get(i);

            Intent intent = new Intent(MainActivity.this,
            DetailActivity.class);
            intent.putExtra("name", aData.get("name"));
            intent.putExtra("tel", aData.get("tel"));
            intent.putExtra("addr", aData.get("address"));
            intent.putExtra("imgfile", aData.get("imgfile"));
            startActivity(intent);
        }
    });

}
```

來到了 DetailActivity 的處理重點，將會是版面配置上的橫向與直向的差異。處理方式先選定一種為預設狀態，本範例中將以直向為預設狀態，按照一般的處理版面配置方式處理如下。

```xml
<?xml version="1.0" encoding="utf-8"?>
<LinearLayout
    xmlns:android="http://schemas.android.com/apk/res/android"
    xmlns:app="http://schemas.android.com/apk/res-auto"
    xmlns:tools="http://schemas.android.com/tools"
    android:layout_width="match_parent"
    android:layout_height="match_parent"
    tools:context="com.example.administrator.myexam03.DetailActivity"
    android:orientation="vertical"
    >

    <ImageView
        android:id="@+id/imageView"
        android:layout_width="match_parent"
        android:layout_height="0dp"
        android:layout_weight="1" />

    <LinearLayout
        android:layout_width="match_parent"
        android:layout_height="0dp"
        android:layout_weight="1"
        android:orientation="vertical"
        >
        <TextView
            android:layout_width="match_parent"
            android:layout_height="wrap_content"
            android:id="@+id/name"
            />
        <TextView
            android:layout_width="match_parent"
            android:layout_height="wrap_content"
            android:id="@+id/addr"
            />
        <TextView
            android:layout_width="match_parent"
            android:layout_height="wrap_content"
            android:id="@+id/tel"
            />
    </LinearLayout>

</LinearLayout>
```

而橫向的處理方式，則必須在 res/ 下建立 layout_land/ 的資料夾，如下圖：

將【 res → layout → activity_detail.xml 】複製過去後，進行修改處理差異的部分。

```xml
<?xml version="1.0" encoding="utf-8"?>
<LinearLayout
    xmlns:android="http://schemas.android.com/apk/res/android"
    xmlns:app="http://schemas.android.com/apk/res-auto"
    xmlns:tools="http://schemas.android.com/tools"
    android:layout_width="match_parent"
    android:layout_height="match_parent"
    tools:context="com.example.administrator.myexam03.DetailActivity"
    android:orientation="horizontal"
    >

    <ImageView
        android:id="@+id/imageView"
        android:layout_width="0dp"
        android:layout_height="match_parent"
        android:layout_weight="1" />
```

```
    <LinearLayout
        android:layout_width="0dp"
        android:layout_height="match_parent"
        android:layout_weight="1"
        android:orientation="vertical"
        >
        <TextView
            android:layout_width="match_parent"
            android:layout_height="wrap_content"
            android:id="@+id/name"
            />
        <TextView
            android:layout_width="match_parent"
            android:layout_height="wrap_content"
            android:id="@+id/addr"
            />
        <TextView
            android:layout_width="match_parent"
            android:layout_height="wrap_content"
            android:id="@+id/tel"
            />
    </LinearLayout>

</LinearLayout>
```

重點

- 原先的元件不宜進行增減

- 原先的 id 屬性不宜變更

- 只是處理版面配置上面的異動而已

回到 DetaiActivity.java，要特別處理 ImageView 的遠端圖檔資料讀取。此時將透過 Bitmap 物件來進行，而由 BitmapFactory 的靜態方法來處理。

```
package com.example.administrator.myexam03;

import android.content.Intent;
import android.graphics.Bitmap;
import android.graphics.BitmapFactory;
import android.os.Handler;
import android.os.Message;
import android.support.v7.app.AppCompatActivity;
import android.os.Bundle;
```

```
import android.widget.ImageView;
import android.widget.TextView;

import java.net.HttpURLConnection;
import java.net.URL;

public class DetailActivity extends AppCompatActivity {
    private TextView name, addr, tel;
    private String imgfile;
    private ImageView img;
    private Bitmap bmp;
    private UIHandler uiHandler;

    @Override
    protected void onCreate(Bundle savedInstanceState) {
        super.onCreate(savedInstanceState);
        setContentView(R.layout.activity_detail);

        uiHandler = new UIHandler();

        name = (TextView)findViewById(R.id.name);
        addr = (TextView)findViewById(R.id.addr);
        tel = (TextView)findViewById(R.id.tel);
        img = (ImageView)findViewById(R.id.imageView);


        Intent intent = getIntent();
        name.setText(intent.getStringExtra("name"));
        tel.setText(intent.getStringExtra("tel"));
        addr.setText(intent.getStringExtra("addr"));

        imgfile = intent.getStringExtra("imgfile");
        getImage(imgfile);


    }

    private void getImage(final String urlString){
        new Thread(){
            @Override
            public void run() {
                try {
                    URL url = new URL(urlString);
                    HttpURLConnection conn = (HttpURLConnection)url.
                    openConnection();
                    conn.connect();
```

```java
                    bmp = BitmapFactory.decodeStream(conn.
                    getInputStream());
                    uiHandler.sendEmptyMessage(0);
                }catch(Exception e){


                }
            }
        }.start();
    }

    private class UIHandler extends Handler {
        @Override
        public void handleMessage(Message msg) {
            super.handleMessage(msg);
            img.setImageBitmap(bmp);


        }
    }

}
```

行動裝置概論

參考樣題

※ 提醒！考試樣題僅協助考生瞭解考試題型及考試準備方向，並非正式的考題！

答案	題目

2 針對「MDM (Mobile Device Management)」，下列哪一個選項的敘述正確？

1. 一種行動裝置廣告追蹤管理方案
2. 一種行動裝置管理解決方案
3. 一種多重感知偵測的管理方案
4. 一種多重螢幕顯示的管理方案

3 針對「G-Sensor」，下列哪一個選項的敘述正確？

1. 一種提供全球定位資訊的感測器
2. 一種提供方位角資訊的感測器
3. 一種提供物體在加速過程中作用在物體上的力，比如晃動、跌落、上升、下降等各種位移變化的感測器
4. 以上皆是

2 針對「NFC」，下列哪一個選項的敘述錯誤？

1. 為 Near Field Communication 的縮寫
2. 一種長距離的高頻無線通訊技術
3. 一種短距離的高頻無線通訊技術
4. 與藍牙技術相比，NFC 的可傳輸距離較短且設定連線時間較短

2 針對「Open data」，下列哪一個選項的敘述正確？

1. 一種經過挑選與許可的資料，這些資料受著作權、專利權限制，任何人都可以自由使用
2. 一種經過挑選與許可的資料，這些資料不受著作權、專利權限制，任何人都可以自由使用
3. 一種不經過挑選與許可的資料，這些資料受著作權、專利權限制，任何人都可以自由使用
4. 一種不經過挑選與許可的資料，這些資料不受著作權、專利權限制，任何人可以自由使用

答案	題目

1 請問下列何者為 SIM 卡的辨識碼？

1. ICCID (Integrate Circuit Card Identity)
2. IMEI (International Mobile Equipment Identification Number)
3. PIN (Personal Identification Number)
4. PUK (Personal Identification Number Unlock Key)

4 以下何者非行動裝置間可以用來做資料交換的技術？

1. Wi-Fi
2. Bluetooth
3. NFC
4. iBeacon

1 在智慧型手機中，有一組所謂行動電話的身份證，用於識別每一部獨立的手機等行動通訊裝置，稱之為？

1. 國際移動設備識別碼 (IMEI, International Mobile Equipment Identity)
2. MAC 地 址 (Media Access Control Address)
3. 數位簽章 (Digital Signature)
4. 建置號碼 (Build Number)

3 下列何者可用於接聽電話時自動關閉 LCD 螢幕以節省電量？

1. GPS (Global Positioning System/Motion Sensor)
2. 觸碰壓力感應器 (Touch Pressure Sensor)
3. 接近感應器（Proximity Sensor）
4. 以上皆非

3 下列哪個手機攝影影像畫質訊號源為 FHD (Full HD)？

1. 720x480 (480p)
2. 1280x720 (720p)
3. 1920x1080 (1080p)
4. 3840×2160

答案	題目
4	**打開飛航模式時，手機會關掉以下哪些通訊方式？** 1. 3G/4G 2. Wi-Fi 3. Bluetooth 4. 以上皆是
3	**針對行動裝置的無線充電技術，下列描述何者不正確？** 1. 若手機沒有搭配特殊的芯片，則沒有任何方法讓該手機也可以無線充電 2. 需要手機搭配特殊的芯片才可以使用該功能 3. 現在的手機只要升級作業系統後即可使用無線充電 4. 無線充電的電源轉換效率比有線充電還低
4	**關於行動裝置的敘述，下列何者不正確？** 1. 使用 GPS 定位時，GPS 衛星會主動發送訊號給手機定位 2. 除了 GPS 定位外，我們也可以使用 Wi-Fi 來協助手機來定位 3. 行動網路除了可以上網外，亦可協助手機來定位 4. 使用 GPS 定位時，手機會發送訊號給 GPS 衛星來要求位置資訊
2	**以下何者可以提供行動裝置用來偵測是否螢幕需要做自動旋轉方向？** 1. 接近感應器 (Proximity Sensor) 2. 加速度感應器 (G-sensor/Accelerometer) 3. 磁力感應器 (M-sensor) 4. 氣壓感應器 (bBarometer)
2	**現在人們常用的行動裝置，如：智慧型手機、平板電腦，皆無需使用任何的工具便可操作，請問現今多數螢幕的觸控面板的技術為何？** 1. 聲波式觸控螢幕 2. 電容式觸控螢幕 3. 電阻式觸控螢幕 4. 紅外線式觸控螢幕

答案	題目

4　目前在智慧型手機上使用的作業系統，不包含哪一個？

1. Android
2. iOS
3. Firefox OS
4. Chrome OS

1　下列何者較適合智慧型手機程式作為資料交換的格式？

1. XML
2. C++
3. Java
4. HTML

3　除了 XML 以外，智慧型手機也可使用下列何種資料交換語言去儲存和傳送簡單結構資料？

1. ASP
2. C++
3. JSON (JavaScript Object Notation)
4. Java

1　下列何者是智慧型手機常用的分散式軟體系統架構樣式，主要使用 XML 或 JSON 等簡單介面的 Web 服務，漸漸取代 SOAP 的 Web 服務，成為 WWW 上最常使用的 Web 服務模型？

1. REST (REpresentational State Transfer)
2. ODBC (Open DataBase Connectivity)
3. OAuth
4. HTTP

3　現行行動裝置所使用的 Wi-Fi 技術中，何者可以用多個天線收發資料？

1. 802.11b
2. 802.11g
3. 802.11n
4. 以上皆非

答案	題目

1 關於智慧型手機上的光度感測器，下列敘述何者錯誤？

1. 可以用來偵測環境光源的位置
2. 可以調節螢幕較適合的顯示亮度
3. 可以偵測拍攝時是否需要閃光燈
4. 可以間接用來感應觸碰螢幕是否被物體所遮蔽

4 行動支付系統中所應具備的軟 / 硬體設備中，不含下列那一項？

1. 付款轉接站 (Payment Gateway)
2. 認證中心 (Certification Authority)
3. 電子錢包 (Electronic Wallet)
4. 檔案傳輸協定 (File Transfer Protocol)

3 在行動商務 App 電子商場進行線上購物，下列程序何者較符合現況？

1. 將選購商品放入購物籃→選購完成確認訂單數量及金額→瀏覽商品→填寫付款資料→選擇付款方式→送出訂單
2. 瀏覽商品→選購完成確認訂單數量及金額→選擇付款方式→填寫付款資料→將選購商品放入購物籃→送出訂單
3. 瀏覽商品→將選購商品放入購物籃→選購完成確認訂單數量及金額→選擇付款方式→填寫付款資料→送出訂單
4. 選擇付款方式→填寫付款資料→瀏覽商品→將選購商品放入購物籃→選購完成確認訂單數量及金額→送出訂單

2 若某一智慧型手機程式以 JSON 作為資料交換格式，請問下列何者為此程式可閱讀的資料？

1.

```
<note>
<to>Tove</to>
<from>Jani</from>
<heading>Reminder</heading>
<body>Don't forget me this weekend!</body>
</note>
```

2. {"subject":"Math","score":80}
3. 0/4/5/2/7/8/3
4. 以上皆是

答案	題目
4	請問有關行動裝置上 NFC 的應用，不包含下列何項？

1. 行動支付
2. 檔案傳輸
3. 裝置配對
4. 分享網路

| 3 | 下列何者不是主要的 Business-to-Customer (B2C) 類別行動裝置 App？ |

1. 博客來書局 App
2. Amazon App
3. eBay App
4. 燦坤快 8 App

| 3 | 若一智慧型手機利用 2 聲道錄音，每秒採樣率為 44.1kHz，每個樣本使用 16bit，採用 mp4 壓縮 (壓縮比大約 1/20)，則 10 秒鐘的錄音大約會產生多大的錄音檔？ |

1. 約 7 kbit
2. 約 70 kbit
3. 約 700 kbit
4. 約 1.4 Mbit

| 1 | 假設一台智慧手機電池容量為 2,000mAh，行動電源的電源容量為 10,000mHa，行動電源的電源轉換率為 60%，則此行動電源可以充滿完全沒電的手機幾次呢？ |

1. 3 次
2. 6 次
3. 8 次
4. 10 次

答案	題目

4 若網管人員將無線設備升級至 IEEE 802.11n 後,請問,原來使用 IEEE 802.11a、IEEE 802.11b 或 IEEE 802.11g 網卡的使用者,何者仍可以繼續無線上網?

1. 只有 IEEE 802.11a 與 IEEE 802.11b
2. 只有 IEEE 802.11b 與 IEEE 802.11g
3. 只有 IEEE 802.11g
4. 三者皆可

4 當單一基地台用戶過多時,該基地台運作上會如何處理?

1. 無變化,使用者不受影響
2. 其他基地台將自動擴大涵蓋範圍,對使用者不造成影響
3. 擴大涵蓋範圍,造成靠近該基地台之使用者訊號不佳
4. 縮小涵蓋範圍,造成與其他基地台交接範圍區域的使用者訊號不佳

3 下列何者不是行動商務的組成要素?

1. 使用者端行動化的通訊裝置
2. 可支援行動商務活動的網路架構與資訊平台
3. 適合用來播放高畫質電視 (4k/8k) 的影音平台
4. 相關的行動式應用與服務及其商業模式

4 下列何者是現在 WLAN 常見的連線技術?

1. Bluetooth
2. WiMax
3. 4G
4. Wi-Fi

3 依照傳輸技術規格的速率快慢排序,下列何者正確?

1. 4G > Wi-Fi > Bluetooth
2. 4G > Bluetooth > Wi-Fi
3. Wi-Fi > 4G > Bluetooth
4. Bluetooth > 4G > Wi-Fi

答案	題目

3　以下何者是 HTTPS 協定所使用的加密方式？

　　1. DES

　　2. RSA

　　3. SSL

　　4. 3DES

1　下列何者是使用 UDP (User Datagram Protocol) 協定之服務？

　　1. DNS (Domain Name System)

　　2. FTP (File Transfer Protocol)

　　3. Telnet

　　4. SMTP (Simple Mail Transfer Protocol)

3　當行動裝置通話或數據使用過程中，會從一個基地台覆蓋的區域移動到
　　另一個基地台覆蓋的區域，這過程稱之為何？

　　1. 漫遊 (Roaming)

　　2. 展頻 (Spread Spectrum)

　　3. 換手 (Handover or Handoff)

　　4. 連線 (Connection)

4　下列關於 LTE (Long Term Evolution) 的敘述，何者錯誤？

　　1. LTE 標準中不支援電路交換技術 (Circuit Switched)，故無法直接使
　　　　用語音通話

　　2. 相較於 WiMAX，LTE 為現今的 4G 主流技術

　　3. VoLTE 是利用 LTE 的網絡的封包機換來產生語音通話

　　4. LTE 與 Wi-Fi 只是在傳輸上的技術有所不同，故 Wi-Fi AP 可以直接
　　　　當 4G 基地台

4　以下何者不是常用的 HTTP Web Service 所支援的方法？

　　1. GET

　　2. POST

　　3. PUT

　　4. TRANSFER

答案	題目

4 關於 4G LTE 的 VoLTE (Voice over LTE) 服務，下列？述何者正確？

1. 電話語音是以封包的方式傳輸
2. 資料封包是用封包的方式傳輸，電話語音是用原有的電路傳輸 (例如 3G)
3. 相對於 Skype 這種 OTT (over the top)，電信商所提供之 VoLTE 服務比較穩定
4. 以上皆是

3 以下何者不是常用的 UDP 協定的特性？

1. 可做 broadcast
2. 傳輸時會確保內容會被正確的被接收方收到
3. 可做 multicast
4. 重視速度遠較於正確性

3 現今行動網路業者所提供的非吃到飽的方案多數為，超過資費中提供的流量後會降速為 128Kbps，請問若被降速為 128Kbps 後，下載一張 1MB 的圖片約需耗時多久 (先不考慮網路擁塞、延遲問題)？

1. 小於 1 秒鐘
2. 約 10 秒鐘
3. 約 1~2 分鐘
4. 約 5 分鐘

4 關於網路防火牆，下列敘述何者為誤？

1. 外部防火牆無法防止內賊對內部的侵害
2. 防火牆能管制封包的流向
3. 防火牆可以允許特定網路或人員遠端進入內部系統
4. 防火牆可以防止任何病毒的入侵

4 下列密碼何者為佳？

1. abcdefgh
2. 12345678
3. summer
4. iB=uyg93jio

答案	題目

4 為了要保護資料之安全、防止資料被人竊取或誤用，下列何種方式最佳？

1. 備份資料
2. 隱藏資料
3. 壓縮資料
4. 加密資料

4 有關行動裝置的安全，下列？述何者正確？

1. 機密資料只要加密強度夠，存在行動裝置上是安全的
2. 程式只要做過混淆 (obfuscation) 就無法反組譯 (decompile)，程式中的加密金鑰 (encryption key) 不會被取得
3. 機密資料如果存放在伺服器可以不用加密
4. 以上皆非

2 利用電子郵件，使收件者點擊信件中的 URL，因而連到刻意設計的假網站，這類型手法稱為：

1. 中間人攻擊 (Man in the Middle)
2. 網路釣魚 (Phishing)
3. 點擊劫持 (Clickjacking)
4. URL 插入 (URL injection)

4 下列有關分散式阻斷服務 (DDoS, Distributed Denial of Service) 的？述，何者正確？

1. DDoS 攻擊只針對主機，使主機 CPU 使用率過高，以癱瘓服務
2. 偵測封包中異常的特徵可以知道遭到 DDoS 攻擊
3. 利用防火牆阻擋來源 IP 是最佳解決方式
4. 透過 ISP 利用清洗機制 (clean pipe) 可以緩和 DDoS 攻擊

4 請問當事人依個人資料保護法，行使下列何種權利時，不得預先拋棄或以特約限制之？

1. 請求刪除
2. 查詢或請求閱覽
3. 請求停止蒐集、處理或利用
4. 皆不得預先拋棄或以特約限制之

4　　根據個人資料保護法，下列關於國際傳輸個人資料之敘述，何者正確？

1. 非公務機關為國際傳輸個人資料，而涉及國家重大利益者，中央目的事業主管機關得限制之

2. 非公務機關為國際傳輸個人資料，而國際條約或協定有特別規定者，中央目的事業主管機關得限制之

3. 非公務機關為國際傳輸個人資料，而以迂迴方法向第三國（區）傳輸個人資料規避個人資料保護法者，中央目的事業主管機關得限制之

4. 以上皆是

4　　若要同時驗證電子郵件傳送者身份與驗證電子郵件的完整性，可採用下列何種方式？

1. 進階加密標準 (AES, Advanced Encryption Standard)

2. 憑證廢止清冊 (CRL, Certificate Revocation List)

3. 資料加密標準 (DES, Data Encryption Standard)

4. 數位簽章 (Digital signature)

4　　下列哪種為常用的加密通訊協定？

1. SSL

2. IPsec

3. TLS (Transport Layer Security)

4. 以上皆是

2　　針對「Beacon」，下列敘述何者正確？

1. 一種經由「挖礦」過程產生的數位貨幣

2. 一種使用藍牙的微定位訊號發射器

3. 一種使用閃光燈的技術

4. 一種位元資料壓縮的技術

1　　針對「JSON（JavaScript Object Notation）」，下列敘述何者正確？

1. 一種輕量級的結構化資料交換語言

2. 一種輕量級的非結構化資料交換語言

3. 一種重量級的結構化資料交換語言

4. 一種重量級的非結構化資料交換語言

答案	題目

1 請問 Google 所提供的推播服務名稱為？

1. GCM
2. Notification Center
3. APNS
4. Local Notification

2 以下何者為 iOS App 的送審前封裝檔的格式？

1. APK
2. IPA
3. ZIP
4. EXE

1 當手機製造商有新的系統更新的時候，常常會透過網路來下載更新檔來進行更新，請問這個技術稱為？

1. OTA
2. OTP
3. Wi-Fi Direct
4. Google Now Launcher

1 當我們在開發應用程式時，有時會用到別的專案已經寫好並公佈出來的 API，那若要使用其功能我們需要使用對方提供的？

1. SDK
2. NDK
3. ADT
4. IDE

3 下列何者為智慧型手機行動電源之電源容量？

1. Power Input: Micro USB 5V/1000mA
2. Power Output: USB 5V/1000mA
3. Capacity: 18000mAh
4. 以上皆非

答案	題目

4　萬一忘記 SIM 密碼時，可以透過下列何者解鎖？

1. IMSI（International Mobile Subscriber Identification Number）

2. IMEI（International Mobile Equipment Identification Number）

3. PIN（Personal Identification Number）

4. PUK（Personal Identification Number Unlock Key）

2　下列何者可以用來偵測手機目前 3 軸的角加速度？

1. 方向感應器（O-sensor）

2. 陀螺儀感應器（Gyro-sensor）

3. 氣壓感應器（Barometer）

4. 以上皆非

2　小明用手指滑手機來操作智慧型手機，透過手機電極與人體之間的靜電結合所產生之電容變化來檢測其手指座標，請問小明這個手機觸控螢幕為以下何者？

1. 電阻式觸控螢幕

2. 電容式觸控螢幕

3. 光學式觸控螢幕

4. 以上皆非

3　現行 iOS/Android 行動裝置所使用的主流 CPU 架構為？

1. MIPS（Microprocessor without Interlocked Pipeline Stages）

2. x86

3. ARM（Advanced RISC Machine）

4. 以上皆非

4　以下何者不是行動裝置以有線方式連接電腦的介面？

1. Micro USB

2. USB Type-C

3. Lightening

4. Parallel Port

答案	題目

4　關於 Android 作業系統，下列敘述何者不正確？

　　1. Google 為其一開發者

　　2. 歷年的版本代號皆以甜點來命名

　　3. 每一版的 Android 皆基於 Linux Kernel 來開發

　　4. 為一種封閉式系統

2　通常我們要使用智慧型手機上網時，需要行動網路業者會配置 SIM 卡給使用者，請問下列 SIM 卡大小，由大到小的排序為何？

　　1. miniSIM > nanoSIM > microSIM

　　2. miniSIM > microSIM > nanoSIM

　　3. microSIM > miniSIM > nanoSIM

　　4. microSIM > nanoSIM > miniSIM

3　下列哪一種介面可以讓同一程式連結到不同的資料庫來源？

　　1. CGI

　　2. CORBA

　　3. ODBC

　　4. SOAP

1　若某一智慧型手機程式以 XML 作為資料交換格式，請問下列何者為此程式可閱讀的資料？

　　1.

```
<note>
<to>Tove</to>
<from>Jani</from>
<heading>Reminder</heading>
<body>Don't forget me this weekend!</body>
</note>
```

　　2. {"subject":"Math","score":80}

　　3. [0,4,5,2,7,8,3]

　　4. 以上皆是

答案	題目

1 若要做到來電時，將手機翻面即可拒絕來電，需要用到下列何種感應器？

1. 方向感應器（O-sensor）
2. 磁力感應器（M- sensor）
3. 氣壓感應器（Barometer）
4. 陀螺儀感應器（Gyro-sensor）

4 下列何種情境，最適合智慧型手機使用擴增實境（AR, Augmented Reality）技術？

1. 降雨機率預測
2. 視訊電話
3. 電腦對奕
4. 服飾店試穿衣服

1 智慧型手機使用 Wi-Fi 無線網路上網優於 3G/4G 網路之處，下列敘述何者不正確？

1. 智慧型手機透過 Wi-Fi 無線上網比較不會被竊聽
2. 智慧型手機透過 Wi-Fi 無線上網速度通常比透過 3G/4G 網路還快
3. 智慧型手機透過 3G/4G 網路上網的費用通常比透過 Wi-Fi 還高
4. 若要使用導航功能，透過 3G/4G 網路會比透過 Wi-Fi 還方便

1 以下何者不是 NFC（Near Field Communication）的行動裝置應用範疇？

1. 衛星定位
2. 電子錢包
3. 檔案傳輸
4. 悠遊卡

4 若行動裝置 App 要透過 PayPal 交易付款，下列敘述何者不正確？

1. PayPal 服務原本建立於網路拍賣使用者間的金錢往來
2. 可用美金、日幣、歐元付款
3. 主要用在小額付費上
4. PayPal 會跟付款人收取手續費

3　關於 QR code 的應用，下列敘述何者不正確？

1. QR code 比傳統的條碼可以提供更多資訊

2. QR code 亦可應用在電子機票、遊樂票券等不同票證上面

3. 需透過 NFC 來讀取 QR code 條碼資訊

4. QR code 可提供的資訊包含數字、字母、中文字等

3　關於在行動裝置上使用 Bluetooth 和 Wi-Fi 的應用，下列敘述何者不正確？

1. Bluetooth 相較於 Wi-Fi 來得省電

2. Bluetooth 相較於 Wi-Fi 訊號接收距離較短

3. Bluetooth 相較於 Wi-Fi 較少應用於穿戴式設備

4. Bluetooth 相較於 Wi-Fi 傳輸頻寬較小

4　有關電子商務，下列敘述何者不正確？

1. 透過行動裝置的普及，行動商務通常使得價格與產品的資訊更加透明與便利

2. 行動寬頻服務通常使得電子商務的行銷管道更為通暢

3. 相較於傳統的紙本型錄，商店可以透過行動商務更頻繁地更新商品型錄，以快速反應市場需求

4. 開創者的首創利益 (first mover advantage) 通常不適用於行動商務，反而是較慢進入市場的公司通常能佔有絕大部分的市場

1　越來越多的手機採用雙鏡頭提供更好的照相品質，以下哪一項不是採用雙鏡頭可能帶來的好處？

1. 利用雙鏡頭加乘的效果減少相片檔案的大小

2. 利用雙鏡頭量測被拍設物體與手機的距離，加強景深的效果

3. 利用雙鏡頭視差的原理製造出 3D 的效果

4. 利用兩顆不同規格的鏡頭，加強相機變焦的效果

2　下列何者的傳輸速率最快？

1. 802.11b

2. 802.11n

3. 802.11g

4. 802.11a

答案	題目
2	以下何者是 GSM 行動電話系統理論上的最大基地台訊號半徑？

1. 1KM
2. 3KM
3. 50KM
4. 100KM

1	以下何者的傳輸速率理論值最高？

1. LTE
2. Bluetooth
3. GSM
4. GPRS

4	下列哪個 LTE 頻段非台灣現今主流的頻段？

1. 700 MHz
2. 900 MHz
3. 1800 MHz
4. 5400 MHz

2	關於 NFC（Near Field Communication），下列敘述何者不正確？

1. 使用點對點的模式
2. NFC 可於距離 5 公尺外傳輸資料
3. NFC 可應用於行動支付
4. 使用非接觸讀卡機

1	關於 Femtocell 基地台，下列敘述何者不正確？

1. 為使用網頁認證技術的基地台
2. 可使用原使用者既有固網寬頻線路的基地台
3. 為超低功率的屋內涵蓋基地台
4. 為低成本的屋內涵蓋基地台

4	**下列哪個系統技術不符合 LTE（Long Term Evolution）規範？**
	1. HSPA+（Evolved High Speed Packet Access）
	2. CDMA2000（Code Division Multiple Access 2000）
	3. TD-SCDMA（Time Division Synchronous Code Division Multiple Access）
	4. WiMAX（Worldwide Interoperability for Microwave Access）
4	**訊號傳輸速度的定義，是指傳送端於單位時間內能負荷最大資料傳輸量到接收端，也就是我們常說的？**
	1. 週期
	2. 連線數量
	3. 最大服務範圍
	4. 頻寬
4	**關於行動裝置安裝應用程式（App）之權限取得，下列敘述何者不正確？**
	1. 不當的權限授與，可能會造成個人機敏資料外洩
	2. 應避免非官方韌體更新以取得超級使用者權限
	3. 安裝軟體時，應確認 App 所要求之權限是否必要
	4. 常見的 iOS 和 Android App 都是在安裝軟體前，確認所需授與之權限
3	**近年來關於行動裝置的「BYOD」議題，是指哪四個字的縮寫？**
	1. Block Your Own Device
	2. Breach Your Office Device
	3. Bring Your Own Device
	4. Break Your Office Device
1	**下列何者不屬於電腦犯罪？**
	1. 公司員工在上班時間，依主管指示更換無線網路設定，使得公司網路故障
	2. 公司員工利用行動裝置遠端更改自己在公司電腦中的服務紀錄
	3. 公司員工利用行動裝置下載公司內部軟體，帶回家給親人使用
	4. 公司員工在上班時間，利用行動裝置盜取公司營業秘密

答案	題目

2　利用人心的疏漏的小詭計，讓受害者掉入陷阱。通常會以交談、欺騙、假冒口語等方式，向別人套取用戶系統的資訊，請問這是何種攻擊行為？

 1. 病毒

 2. 社交工程

 3. 後門程式

 4. 間諜程式

1　當我們在註冊某一應用程式帳號時，若有合約中有提及「當您按下註冊的同時，即表示同意本公司在業務範圍內得以使用您所提供的資料進行相關服務」，請問這項敘述最主要是牽涉到何項法規？

 1. 個人資料保護法

 2. 智慧財產權法

 3. 電子簽章法

 4. 通訊保障及監察法

4　為避免重要檔案被勒索軟體（ransomware）加密無法解開，以下處理何者正確？

 1. 只要將勒索軟體從系統移除就沒有問題了

 2. 上網取得解密軟體將檔案救回，將勒索軟體從系統移除，並了解該軟體進入管道加強防護

 3. 尋求資安服務幫忙解密將檔案救回，將勒索軟體從系統移除，並了解該軟體進入管道加強防護

 4. 定期備份資料，若遭到勒索軟體加密無法解開，則重新格式化硬碟，重新安裝系統，並了解該軟體進入管道加強防護

4　駭客無法透過下列何種手法取得使用者的權限？

 1. 取得使用者登入的帳號密碼

 2. 取得使用者登入後的 Cookie

 3. 取得使用者登入後的 Session ID

 4. 取得使用者登入的時間

答案	題目

2　請問依據個人資料保護法，「輸出」個人資料屬於下列何者？
1. 異動
2. 處理
3. 修改
4. 重製

3　為避免行動裝置中的資料遭意外刪除毀損，我們應該？
1. 嚴禁他人使用該行動裝置
2. 安裝防毒軟體
3. 定期備份
4. 設定開機密碼

2　若發現某系統主機，無法再接受 TCP 的連線要求，請問可能是遭受了什麼攻擊？
1. 網路釣魚
2. 阻斷服務攻擊
3. 社交工程
4. 資料庫隱碼攻擊

4　下列何種身份認證方法，是使用「Something you have」之要素（factor）？
1. Smart cards
2. RFID
3. One Time Password token
4. 以上皆是

答案	題目

3 如果網站或 App 所蒐集、儲存的個人資料遭受違法侵害，當事者往往無法得知，導致不能提起救濟或請求損害賠償，因此個人資料保護法規定公務機關或非公務機關所蒐集之個人資料被竊取、洩漏、竄改或遭其他方式之侵害時，應立即查明事實，以適當方式，迅速通知當事人，讓其知曉。下列哪一項針對「通知」的描述是不恰當的？

　　1. 如果影響的人數不多，可以用電話或信函方式通知當事者

　　2. 如果影響的人數眾多，可以利用公告的方式，請當事者上網或電話查詢

　　3. 如果不是由當事人所提供之個人資料，可以不用向當事人通知

　　4. 如果需花費非常多的人力或時間，可以斟酌技術之可行性及當事人隱私之保護，以新聞媒體等公開方式進行通知

---

2 個人資料的存取控制措施中，密碼管理是一項基本的要求與工作。下列哪一項有關密碼管理的描述是錯誤的？

　　1. 設定登入失敗的次數，如超過次數帳號即予以鎖定，或延遲一段時間才能再嘗試

　　2. 密碼應定期變更，但是對於具特別權限帳號的密碼，例如，管理網路、作業系統、資料庫管理系統、與應用程式所需特別權限的帳號，為避免登入錯誤、帳號被鎖定，其密碼不應作變更

　　3. 帳號建立後，強制使用者在第一次登入系統時立即變更密碼

　　4. 登入成功後，顯示前一次登入成功的時間，或是上次登入成功後，所有登入失敗的詳細資訊

---

1 企業開發行動裝置應用程式（App）時，必須依據合法的業務目的來限制所蒐集的個人資料，不得逾越特定目的之必要範圍，將個人資料收集的數量降到最低，並依規定提供適切的通知，以取得當事者的同意。以上描述與下列哪一項個人資料保護的原則是沒有關係的？

　　1. 準確性與品質

　　2. 目的的合法性與明確化

　　3. 資料的最小化

　　4. 蒐集的限制

2　每個行動裝置或內部組件都有其生命週期,特別像手機的儲存記憶體如果損壞,可能導致所儲存的公司重要資料無法復原,組織應實施相關措施來降低這項風險,下列哪一項措施最難提供有效的資料保護?

　1. 行動裝置所需要存取的公司重要資料,都存放在公司專屬的雲端運算儲存空間中,不要存放在手機的儲存記憶體

　2. 依據公司所規定的資產折舊年限,定期更換新的行動裝置或內部的組件

　3. 依據公司所實施的備份政策和程序,定期將手機中的重要資料上傳到公司的主機,並做定期的測試與驗證

　4. 將手機中的文件與個人專屬的雲端運算儲存空間中的文件維持同步

2　公司藉由入侵偵測系統(Intrusion Detection System,IDS),可以有效且及時地偵測入侵或威脅的發生,而企業針對行動裝置的使用,也應導入具成本效益的控制措施來降低相關風險。下列哪一項是屬於這種偵測型的控制措施?

　1. 針對遺失的行動設備,遠端執行裝置的鎖定

　2. 偵測是否使用未經註冊或核准的行動裝置或 SIM 卡

　3. 停用電子郵件軟體(App)的複製、貼上,以及轉寄等功能

　4. 藉由業界具備資訊安全專業的廠商來協助建置各項控制措施

2　一家公司針對經常到國外出差的員工建置一套支援 Two-Factor Authentication(雙重驗證)的遠端存取系統,這些員工在出差時可以使用筆記型電腦遠端連線到公司內部網路,執行平常在公司所執行的所有工作。這套系統所導入 Two-Factor Authentication 認證機制,代表系統實施後員工應如何通過認證以遠端連線到公司內部網路?

　1. 使用者先登入其他業者的系統(例如:Google 或臉書)一次,就可以存取該網路服務,不需再次登入,也就是 Single Sign On 的功能

　2. 使用公司專屬的帳號密碼以及員工 IC 智慧卡來登入公司內部網路

　3. 使用公司專屬的帳號與密碼來登入公司內部網路

　4. 利用兩項生物特徵的認證技術來登入系統,例如:指紋以及人臉辨識

E

初級行動裝置程式開發 -Android 程式設計

參考樣題

※ 提醒！考試樣題僅協助考生瞭解考試題型及考試準備方向，並非正式的考題！

2	**為了提高程式維護性，下列哪一種流程控制不建議使用？**

1. if else

2. goto

3. switch case

4. block

3	**Java 或 Objective-C 程式語言事先定義一組「逃逸序列」(Escape Sequences) 以代表各種特定字元。下列何者不是 Java 或 Objective-C 的「逃逸序列」？**

1. \n

2. \t

3. \c

4. \r

2	**程式語言支援「運算式」(Expressions) 以產生運算結果。下列 Java 或 Objective-C 的運算式執行結果何者是正確的？**

```
int v1 = 10; int v2 = v1*2;
int v3 = v1++-19/--v2;
```

1. v1 之值為 11　且 v2 之值為 20　且 v3 之值為 9

2. v1 之值為 11　且 v2 之值為 19　且 v3 之值為 9

3. v1 之值為 10 且 v2 之值為 20 且 v3 之值為 10

4. v1 之值為 10 且 v2 之值為 19 且 v3 之值為 10

4	

```
public static void main(String[] args) { int i = 0;
for (int j = 0; j < 4; j++) i += 2; System.out.println(i);
}
```

請問執行結果為何？

1. 0	2. 4
3. 6	4. 8

答案	題目

3 程式語言支援運算子 (Operators) 搭配運算元 (Operands) 組成運算式
(Expressions) 以執行相關運算作業。下列 Java 或 Objective-C 程式
片段執行後之結果何者為正確？

```
int v1 = 100; int v2 = v1++;
```

1. v1 之值為 101 且 v2 之值為 101
2. v1 之值為 100 且 v2 之值為 100
3. v1 之值為 101 且 v2 之值為 100
4. v1 之值為 100 且 v2 之值為 101

2 Java 或 Objective-C 物件導向程式語言支援使用下列那一個關鍵字，
使子類別可以呼叫父類別中的方法？

1. over
2. super
3. parent
4. above

3 物件導向程式語言支援方法覆寫 (Override) 機制，下列描述何者正確？

1. 方法覆寫即子類別重新定義父類別的建構子
2. 方法覆寫就是一種方法多載 (Method Overloading)
3. 子類別欲覆寫父類別的方法時，除了少數例外，原則上方法名稱、
   參數列、回傳資料型別應該相同
4. 以上皆是

3 關於封裝 (Encapsulation) 的種類，下列敘述何者為誤？

1. private: 只有 class 自己本身可存取，對應修飾字為 private
2. default: 與 class 相同套件 (package) 皆可存取，無對應修飾字
3. protected: 只有 class 自己本身以及子類別可存取，對應修飾字為
   protected
4. public: 所有 class 皆可存取，對應修飾字為 public

答案	題目

2 你正在設計一個類別 (Class)，因為某些因素你將一部分的欄位規劃成公有成員 (public)，另外將一部分的欄位規劃成私有成員 (private)，請問這樣的行為稱之為？

1. 繼承 (Inheritance)

2. 封裝 (Encapsulation)

3. 介面 (Interface)

4. 多型 (Polymorphism)

3 下列選項何者呈現物件導向中的關係："A 是一個 B 且擁有 C"？

1. class A extends C { private B b; }

2. class B implements A { private C c; }

3. class A extends B { private C c; }

4. class C implements A { private B b; }

3 有關軟體動態測試策略與測試案例設計方法的描述，下列何者錯誤？

1. 整合測試通常使用黑箱測試方法設計測試案列

2. 系統測試通常使用黑箱測試方法設計測試案列

3. 驗收測試通常使用白箱測試方法設計測試案列

4. 單元測試通常使用白箱測試方法設計測試案列

1 有關單元測試的相關描述，下列何者正確？

1. 單元測試是由軟體開發人員自己親自執行的測試

2. 單元測試主要使用黑箱測試方法來設計測試案例

3. 單元測試屬於軟體動態測試策略中最高層次的測試

4. 以上皆是

1 在測試軟體時也是有階段性的，請問下列何者為正確的軟體測試階段？

1. 單元測試→整合測試→系統測試→驗收測試

2. 單元測試→系統測試→整合測試→驗收測試

3. 系統測試→單元測試→整合測試→驗收測試

4. 系統測試→整合測試→單元測試→驗收測試

答案	題目

2　請問下列哪一項測試主要是測試電腦、網路、程式或設備在負荷較重的狀態下，仍保有一定的效用？

1. 負載測試
2. 壓力測試
3. 集中測試
4. 煙霧測試

4　關於系統測試的階段說明，下列描述何者有誤？

1. 單元測試：各獨立單元模組在與系統其他模組隔離的情況下進行測試，檢查每個程式模組是否實現了規定的功能
2. 整合測試：是在單元測試的基礎上將已經通過測試的單元模組按照設計要求組裝成系統或子系統進行測試的活動
3. 系統測試：透過整合測試的軟體，同其運作環境、資料和使用者結合在一起，在實際或模擬實際環境下，對系統進行全面的測試
4. 驗收測試：以開發者為主的測試，由開發者設計測試案例，使用實際資料進行測試

3　Android 開發上，為了減少程式設計師在 UI 版面設計所花費的時間，Android 提供了不同的 layout 元件來輔助程式設計師進行開發，下列為 Android 開發上常用的 layout 元件特性說明，何者描述有誤？

1. LinearLayout，以線性方式呈現 UI 元件
2. RelativeLayout，以相對位置呈現 UI 元件
3. FrameLayout，以列和欄方式呈現 UI 元件
4. Gridlayout，以網格矩陣方式呈現 UI 元件

1　Spinner 優點為節省顯示空間的 UI 元件，當使用者尚未點選時，僅顯示一筆資料，選擇時會以類似下拉式選單方式呈現清單資料供使用者選擇。開發上需使用何種監聽器 (Listener) 監聽哪一個選項被選擇？

1. OnItemSelectedListener
2. OnClickListener
3. OnKeyListener
4. OnTouchListener

答案	題目

1   請問 Activity 以哪一個方法可以取得 Layout 上的某個 UI 元件？

     1. findViewById()

     2. getViewByTag()

     3. getViewById()

     4. findViewByTag()

3   請問 ListView 與 ListAdapter 之間的關係是？

     1. 兩者沒有任何的關係

     2. ListView 會把使用者的操作結果存在 ListAdapter 中

     3. ListView 的顯示內容仰賴 ListAdapter 來決定

     4. 以上皆非

3   下列何者不是 Android 支援的版面配置元件？

     1. LinearLayout

     2. RelativeLayout

     3. GridbagLayout

     4. TableLayout

4   下列有關 Android 的「CheckBox」GUI 元件的描述，何者正確？

     1. CheckBox 的父類別為 android.widget.CompoundButton

     2. CheckBox 的 isChecked() 方法可用來檢查該元件是否被選取

     3. CheckBox 的 setOnCheckedChangeListener() 方法可用來註冊該元件被選取或取消選取的事件監聽器

     4. 以上皆是

答案	題目

1 在 UI 版面設計中，於父元件 RelativeLayout 中加入一個 Button，如需將 Button 設置於 RelativeLayout 下方，在 <Button> 內設定何者正確？

　　1. android:layout_alignParentBottom="true"

　　2. android:layout_alignParentBottom="@+id/parent_layout"

　　3. android:layout_alignBottom="@+id/parent_layout"

　　4. android:gravity="bottom"

2 下列有關 Android 的事件監聽器 (Event Listeners) 的描述，何者正確？

　　1. RadioGroup.OnCheckedChangeListener 物件可被註冊來處理 ComboBox 元件之選項點選事件

　　2. CompoundButton.OnCheckedChangeListener 物件可被註冊來處理 CheckBox 元件之點選狀態變更事件

　　3. ViewGroup.OnItemSelectedListener 物件可被註冊來處理 Spinner 元件之選項點選事件

　　4. 以上皆是

3 下列有關 Android 的「Spinner」GUI 元件的描述，何者正確？

　　1. Spinner 相當於 Java 的 ProgressBar

　　2. 透過設定版面配置檔的 spinnerModeType 屬性，可設定 Spinner 以「toast」或「dropdown」方式呈現選單

　　3. Spinner 的 getSelectedItem() 方法會回傳目前被點選的選項的整數位置索引

　　4. 以上皆是

1 在 Android 的 UI 元件中皆支援點擊事件，請問要呼叫哪項功能來註冊監聽器以監聽是否有發覺點擊？

　　1. setOnClickListener()

　　2. onClick()

　　3. onAddClick()

　　4. onSubmitClick()

答案	題目
4	關於 Android 資料存取機制 External Storage，下列敘述何者錯誤？

1. 可將檔案資料寫至外部可移除的儲存媒體上 (SD card)

2. 該檔案資料可以被其他應用程式修改

3. 安全性與私密性較低

4. 檔案資料於外部儲存媒體上，如移除應用程式，該檔案資料也會一併移除

| 3 | 下列 Android 程式片段執行結果的相關描述，何者正確？ java.util. Calendar c = java.util.Calendar.getInstance(); c.set(2000,1,2);String str = String.format("%tY-%<tm-%<td",c); |

1. str 所參考的字串物件的內容為 2000-01-02

2. str 所參考的字串物件的內容為 00-1-2

3. str 所參考的字串物件的內容為 2000-02-02

4. 以上皆非

| 1 | 下列 Android 程式片段之空格處，應如何填寫才能讓程式執行後 str 所參考的字串物件的內容維持為 " 程式設計 "？ |

```
String str = "程式設計"; try {
str = new String( str.getBytes("big5",         );
} catch (java.io.UnsupportedEncodingException e) { e.printStackTrace();
}
```

1. "big5"

2. "shift-jis"

3. "iso-8859-1"

4. "ascii"

3　下列 Android 應用程式執行後將讀取指定檔案內容（假設該檔案已事先建立），其中空格處應該填寫那一個選項？

```
String str = "";
FileInputStream fis = this.openFileInput("temp.txt");
BufferedReader br =
new BufferedReader(     ); String line;
while((line=br.readLine()) != null){ str += line+"\n";
}
br.close();
```

1. fis

2. new InputStream(fis)

3. new InputStreamReader(fis)

4. new ReaderInputStream(fis)

1　請問下列何種功能無法將資訊輸出到裝置畫面上？

1. 使用 System.out.println 顯示

2. 使用 Toast 顯示

3. 使用 TextView 顯示

4. 使用 Dialog 顯示

1　假設有一段 SQL 指令：String sql="Select * From tCustomers"; 請問下列方法何者可以執行取得上述指令的查詢結果？

1. rawQuery(sql)

2. execSQL (sql)

3. queryBySQL(sql)

4. executeSQL(sql)

答案	題目

1 當我們要把使用者在 EditText 中所輸入的一組字串讀出來，存到一個 String 變數使用時，會使用下列何種方法？

1. .getText().toString();

2. .setText(text);

3. .getString(EditText);

4. .getView();

1 在程式中 SharedPreferences sp = getSharedPreferences("T", 0); 下列何者可以寫入 "Hello"？

1. sp.edit().putString("K","Hello").commit();

2. sp.putString("K","Hello").commit();

3. sp.edit().putString("K","Hello").submit();

4. sp.putString("K","Hello").apply();

2 使用 SharedPreferences 技術時，請問資料是被儲存於下列何種媒體？

1. External Storage

2. Internal Storage

3. Cloud Storage

4. Server

4 下列何者是 Android 平台內建支援的資料庫？

1. MySQL

2. SQL Compact Edition

3. Firebird

4. SQLite

3 關於 Android Activity 的生命週期，下列敘述何者有誤？

1. Activity 啟動：onCreate() -> onStart() -> onResume()

2. Activity(1) 呼 叫 Activity(2) 啟 動：onPause(1) -> onCreate(2) -> onStart(2) - onResume(2) -> onStop(1)

3. Activity 結束或退出：onDestroy() -> onStop()

4. Activity 於 執 行 狀 態 下，旋 轉 螢 幕：onPause() -> onStop() -> onDestroy() -> onCreate() -> onStart() -> onResume()

3 以下何者不是 Android 定位時需要的 Permission ？

1. android.permission.ACCESS_COARSE_LOCATION

2. android.permission.ACCESS_FINE_LOCATION

3. android.permission.ACCESS_GPS_LOCATION

4. android.permission.ACCESS_INTERNET

2 以下何者是 Android App 取得外部儲存空間目錄的方法？

1. Activity.getExternalFilesDir();

2. Environment.getExternalStorageDirectory();

3. Environment.getExternalDirectory();

4. Activity.getExternalStorageDirectory();

4 請問以下何者不是 Android 有支援的相機 System Feature ？

1. PackageManager.FEATURE_CAMERA

2. PackageManager.FEATURE_CAMERA_FRONT

3. PackageManager.FEATURE_CAMERA_ANY

4. PackageManager.FEATURE_CAMERA_ALL

答案	題目

3　假設下列程式片段為一個可以正常啟動執行的 Android 應用程式，那麼下列空格應填寫那一項才可以在應用程式被執行後即啟動系統的相機程式？

```
package com.example.xxx.test; import android.content.Intent; import
android.provider.MediaStore;
public class MainActivity extends android.app.Activity{
protected void onCreate(android.os.Bundle savedInstanceState) { super.
onCreate(savedInstanceState);

Intent intent = new Intent(    ); startActivity(intent);
}
}
```

1. MediaStore.ACTION_PHOTO_CAPTURE

2. MediaStore.ACTION_PICTURE_CAPTURE

3. MediaStore.ACTION_IMAGE_CAPTURE

4. 以上皆非

1　Android 應用程式可以在 Activity 中取得 ContentResolver 物件來與 ContentProvider 物件進行通訊，藉以存取 ContentProvider 物件相關內容模型 (content model) 的資料。下列相關描述何者是正確的？

1. ContentResolver 物件的 query 方法可以用來查詢指定的 URI，且回傳資料型別為 android.database.Cursor

2. ContentResolver 物件的 search 方法可以用來搜尋指定的 URI，且回傳資料型別為 android.sql.ResultSet

3. ContentResolver 物件的 select 方法可以用來查詢指定的 URI，且回傳資料型別為 android.database.DataSet

4. 以上皆非

答案	題目

4　Android 開發上，如 Activity1 啟動 Activity2 後，欲關閉 Activity1 的方法，下列何者有誤？

1. 於 Activity1 內啟動 Activity2

```
startActivity(new Intent (Activity1.this, Activity2.class));
finish();
```

2. 於 Activity1 內啟動 Activity2

```
startActivity(new Intent (Activity1.this, Activity2.class));
android.
os.Process.killProcess(android.os.Process.myPid());
```

3. 於 Activity1 內啟動 Activity2

```
startActivity(new Intent (Activity1.this, Activity2.class));
System.
exit(0);
```

4. 於 Activity1 內啟動 Activity2

```
startActivity(new Intent (Activity1.this, Activity2.class));
SysApplication.getInstance().exit()
```

2　在 Activity 之間傳遞資料，可以透過下列何種類別達到？

1. Extra

2. Bundle

3. Builder

4. Toast

2　Android API 的 android.location.LocationListener 介面可以用來監聽行動裝置的位置事件，下列那一項不是該介面所定義的抽象方法？

1. onLocationChanged

2. onDataChanged

3. onProviderEnabled

4. onProviderDisabled

答案	題目

1　當需要使用 BroadcastReceiver 來攔截特定資訊時，需要先註冊指定的 BroadcastReceiver 和欲攔截的 Broadcast，請問可透過下列何者來註冊？

　　1. registerReceiver (receiver, filter);

　　2. registerBroadcastReceiver (receiver, filter);

　　3. unregisterReceiver (receiver, filter);

　　4. unregisterBroadcastReceiver (receiver, filter);

2　如果要出現不中斷使用者操作的訊息通知，下列何種技術比較適合？

　　1. AlertDialog

　　2. Toast

　　3. Builder

　　4. MessageAcitvity

4　如果要發送訊息到通知中心，必須使用下列哪種類別？

　　1. Toast

　　2. AlertDialog

　　3. MessageService

　　4. NotificationManager

3　如果要讓手機持續震動 2 分鐘，要呼叫下列何種方法？

　　1. startVibrate(120000)

　　2. startVibrate(2)

　　3. vibrate(120000)

　　4. vibrate(2)

2　如果要透過 Intent 直接撥打電話，請問下列程式碼中的問號，要使用何種參數？

```
Intent x = new Intent(); x.setAction( ? );
x.setData(Uti.parse("tel:0932123456"));
startActivity(x);
```

1. Intent.ACTION_PHONE

2. Intent.ACTION_CALL

3. Intent.ACTION_DIAL

4. Intent.ACTION_NAVIGATE

4

```
public static void main(String[] args) { int count = 2;
if(count > 0)
System.out.println("A"); System.out.println("B");
else
System.out.println("C");
}
```

請問執行結果為何？

1. ABC

2. AB

3. C

4. Compilation fails（編譯錯誤）

1　程式語言一般支援算術、關係、邏輯等多種運算子（Operators），而這些運算子會具有優先順序。下列有關於 Java 或 Objective-C 運算子的優先順序的排序（由高到低），何者是正確的？

1. + == &&

2. && == +

3. == + &&

4. + && ==

3	程式語言一般支援選擇性控制結構。下列有關於 Java 或 Objective-C 程式語言之選擇性敘述（Selection Statements），何者正確？

1. if 後面一定要有 else 才能組成合法敘述

2. if 後面可有多個 else 以組成合法敘述

3. else 前面一定要有 if 才能組成合法敘述

4. 以上皆是

3	撰寫程式時應該善用「註解」（Comments）以增進程式的可讀性。下列何者是 Java 或 Objective-C 的常用註解符號？

1. \\

2. #

3. /*　*/

4. --

1	以下程式執行結果，何者正確？

```
int total = 0,i,j; for(i=0;i<3;i++)
for(j=0;j<i;j++) total += j;
```

1. total 之值為 1

2. total 之值為 2

3. total 之值為 3

4. total 之值為 4

2	物件導向程式語言一般支援多階層繼承機制，下列有關類別的建構子（Constructors）的執行順序，何者正確？

1. 最下層的子類別的建構子最先完成執行

2. 最上層的父類別的建構子最先完成執行

3. 中間層的類別的建構子最先完成執行

4. 執行順序不固定

1　有關覆寫（Override）的限制與注意事項，下列敘述何者不正確？

　　1. 存取權限須小於原方法

　　2. 方法中的參數列，不論數量、資料型別及擺放順序都必須相同

　　3. 覆寫是發生在有繼承關係的類別中

　　4. 若方法有回傳值，其回傳值型態需相同或原方法回傳值型別的子類
　　　 別

3

```
public class A{
protect int methodA(int x){return 0;}
}
class B extends A{
// 在此插入程式碼
}
```

下列程式碼各別插入於 class B 中，共有幾行可正確編譯？

```
public int methodA(int x){return 1;} private int methodA(int x)
{return 0;}
protected int methodA(int x, int y){return 1;} public String
methodA(String x){return "A";}
```

1. 1

2. 2

3. 3

4. 4

2　「繼承」是物件導向程式語言的重要概念之一。下列有關「繼承」的描述，
　　何者不正確？

　　1. 繼承可分成單一繼承或多重繼承兩種

　　2. Java 或 Objective-C 程式語言僅支援多重繼承

　　3. Java 或 Objective-C 程式語言支援多階層式的繼承關係

　　4. 子類別又稱為衍生類別（Derived Class）

答案	題目
4	下列有關物件導向程式語言的變數（Variables）的描述，何者不正確？

1. 實體變數（Instance Variables）可被物件內的所有方法使用

2. 區域變數（Local Variables）是在方法內宣告的變數

3. 在方法內之內層區塊可以使用外層區塊的區域變數

4. 區域變數不能和實體變數同名

4	物件導向的特性，下列選項何者不正確？

1. 封裝（Encapsulation）

2. 多型（Polymorphism）

3. 繼承（Inheritance）

4. 抽象（Abstract）

3	關於下列虛擬碼，挑選出最適合的答案

```
class A() {
void func1() { }
}

class B 繼 承 A { void func1() { ... }
void func1(int i) { ... }


void func1(String s, int i){ ... }
}

class C 繼 承 A { void func1() { ...}
}

void main() {
A x = new B(); A y = new C();
}
```

請問類別 B 中的 func1(int i),func1(String s, int i) 屬於下列哪一項行為？

1. 複寫（Overriding）

2. 繼承（Inheritance）

3. 多載（Overloading）

4. 多型（Polymorphism）

答案	題目
3	

驗收測試依據測試方式與環境的不同，又可再分成兩種測試，下列敘述何者正確？

1. 阿法（α）測試由使用者在自己的工作場所進行
2. 貝塔（β）測試由軟體開發人員陪同使用者在系統開發場所進行
3. 貝塔（β）測試由使用者在自己的工作場所進行
4. 以上皆非

4 有關軟體測試中的靜態分析與動態分析，下列敘述何者正確？

1. 通常會先進行動態分析後才會進行靜態分析
2. 靜態分析會直接執行軟體，觀察其結果
3. 動態分析不直接執行軟體，而是以人工或自動化方式評估各階段的產品是否有達到需求規格
4. 動態分析中有黑箱測試、白箱測試等技術來測試案例

4 整合測試設計需考量的要點，下列選項何者不正確？

1. 需考慮系統執行而需要的測試環境及測試環境與生產環境的差別
2. 測試案例之執行策略
3. 測試案例運行時需要的外部條件
4. 由開發工程師進行

4 在 UI 版面設計常需使用到各種不同的 icon 圖示或圖片，試問這些圖示或圖片須放置於 Android 專案的何種資料夾？

1. /res/layout/
2. /res/values/
3. /libs/
4. /res/drawable/

答案	題目
1	使用 ImageView 呈現單一圖片，如 ImageView 長寬設定為 match_parent，需顯示的圖片尺寸為 255×255，須呈現原圖依比例擴大或縮小至 ImageView 大小，以適應不同螢幕顯示，下列設定何者正確？

1. android:scaleType="fitCenter"

2. android:layout_width= "match_parent" android:layout_height= "match_parent"

3. android:scaleType="fitXY"

4. 以上皆非

1	以下何者是 Android UI Layout 屬性 wrap_content 的意義？

1. 讓 UI 元件的呈現大小隨內容調整

2. 讓 UI 元件的呈現大小不考慮內容

3. 讓 UI 元件的顏色隨內容調整

4. 讓 UI 元件的編排是否置中

4	若一個 Android App 從 Activity A 跳至 Activity B 時，請問以下哪一個方法一定不會在 Activity A 內被執行？

1. onStop()

2. onDestroy()

3. onPause()

4. onRestart()

1	Android GUI 元件的背景顏色可透過相關版面配置檔的 background 屬性來設定，下列 background 屬性值之設定，何者正確？

1. #CCFF33

2. color.blue

3. (255,255,255)

4. 以上皆非

答案	題目

3 下列有關 Android 的「ListView」GUI 元件的描述，何者正確？

　1. ListView 具有 dropdown 與 dialog 兩種呈現清單的模式

　2. ListView 清單項目的點擊事件監聽器可使用

　　 View.OnItemSelectedListener

　3. 透過設定版面配置檔的 entries 屬性，可設定 ListView 的清單項目

　4. 以上皆是

---

2 下列何者不是 Android 預設的 Layout 元件？

　1. FrameLayout

　2. TabLayout

　3. LinearLayout

　4. RelativeLayout

---

3 Android 的 UI 元件可以透過 Layout 檔案來完成版面配置，且一般會建議將 UI 的版面抽離程式碼，單獨放在 Layout 檔案內，請問下列何項為該 Layout 檔案的格式？

　1. XAML

　2. JSON

　3. XML

　4. HTML

---

2 在 Android UI 設計中，可呼叫下列哪項功能並且指定 ID 來取得 Layout 檔案內中的 UI 元件？

　1. setContentView(R.layout.main_activity)

　2. findViewById(R.id.xxx)

　3. setText(null)

　4. 直接使用 ID 即可（如：R.id.xxx）

答案	題目
4	**常用的 UI 元件中，下列敘述何者不正確？**

1. WebView－讓使用者可以在其所配置的 Layout 中瀏覽網頁

2. RatingBar－讓使用者可以點選幾顆星的方式來對指定項目評分

3. SeekBar－透過拖曳方式達到選取數值的功能

4. RadioGroup－讓使用者可以透過複選方式選取資料

| 4 | **在 Android 開發上使用 SharedPreferences 來儲存檔案的內容，下列資料型態何者不能透過 SharedPreferences 儲存？** |

1. int

2. float

3. String

4. List

| 2 | **下列 Android 程式片段執行結果的相關描述，何者正確？** |

```
String str = "";
for(String s: "AA,BB;CC.DD".split("[,;.]")){ str += s+"-";
}
```

1. str 所參考的字串物件的內容為 AABBCCDD

2. str 所參考的字串物件的內容為 AA-BB-CC-DD-

3. str 所參考的字串物件的內容為 AABB-CCDD

4. 以上皆非

| 3 | **下列 Android 程式片段執行結果的相關描述，何者正確？** |

```
StringWriter sw = new StringWriter();
sw.write(" 行動裝置 ");
sw.write(" 程式設計師 "); String str = sw.toString();
```

1. str 所參考的字串物件的內容為 " 行動裝置 "

2. str 所參考的字串物件的內容為 " 程式設計師 "

3. str 所參考的字串物件的內容為 " 行動裝置程式設計師 "

4. 程式未作例外處理以致無法正常編譯

答案	題目

3 假設下列程式片段的 MainActivity 類別為一個 Android 應用程式的 launcher activity，且此應用程式執行後將顯示一個訊息交談窗。那麼依據程式內容可得知，下列何者為交談窗上所顯示的訊息？

```
String str="android*program";
str = str.substring(0, str.indexOf('*')).toUpperCase(); new android.app.
AlertDialog.Builder(this)
.setMessage(str).show();
```

1. program

2. PROGRAM*

3. ANDROID

4. ANDROID*

4 Android 中很常遇到字串的處理，請問 String num = "123456"; 如何把 num 型態轉換為 int ？

1. int number = (int)num;

2. int number = num.split("1");

3. int number = num.indexOf("1");

4. int number = Integer.parseInt(num);

1 請問當 Android 應用程式要存取 SQLite 資料庫時，必須繼承下列何項抽象類別？

1. SQLiteOpenHelper

2. AndroidSQLiteClass

3. SQLiteDatabase

4. SQLiteDataRead

1 請問當在使用 FileOutputStream 寫入文字或物件至檔案中時，是以哪個單位來對檔案做存取和儲存？

1. byte

2. bit

3. word

4. dword

1　在 SharedPreferences 類別中，contains(String key) 方法是用來判斷下列何者？

　　1. Preference 是否有資料

　　2. Preference 是否有刪除

　　3. Preference 是否有更改

　　4. Preference 是否有關閉

2　使用 openFileOutput(String p1,int p2) 創建檔案時，若第二個參數 p2 傳入 Activity.MODE_PRIVATE 請問代表意義為何？

　　1. 創建的檔案只限儲存於主記憶體

　　2. 創建的檔案只有呼叫該方法的程式能使用

　　3. 創建的檔案只有在該裝置上才能使用

　　4. 創建的檔案只有在該事件中才能使用

3　這是一段寫入檔案的程式碼：

```
OutputStream os = openFileOutput("t.txt",Activity.MODE_PRIVATE);
```

請問下列何者可以在「t.txt」檔案中寫入 "Hello" ？

　　1. os.persist("Hello".getBytes("utf-8"));

　　2. os.persist("Hello");

　　3. os.write("Hello".getBytes("utf-8"));

　　4. os.write("Hello");

4　在應用程式內使用 WebView 元件瀏覽網頁必須使用到 Internet，Android 開發上需於何處設定 Internet permission ？

　　1. main.class

　　2. project.properties

　　3. layout.xml

　　4. AndroidManifest.xml

答案	題目

2   Android 系統支援許多常見的多媒體格式，讓開發人員可透過 Audio、Video 等相關 API 以整合影音撥放功能於應用程式內。MediaPlayer 不僅提供撥放 Audio 功能，也提供了撥放 Video 功能，如應用程式內使用 MediaPlayer 進行影音撥放，當系統不再使用 MediaPlayer 後，應如何處理，以防止產生過多的 MediaPlayer 物件實體而造成 Exception 產生？

1. 呼叫 stop()

2. 呼叫 release()

3. 呼叫 reset()

4. 使用 try-catch

1   以下何者是 Android App 取得內部儲存空間目錄的方法？

1. Activity.getFilesDir();

2. Environment.getInternalStorageDirectory();

3. Environment.getHomeDirectory();

4. Activity.getInternalStorageDirectory();

3   以下何者不是標準 Android 錄影時可以產出的影片錄製檔案格式？

1. *.mp4

2. *.3gp

3. *.mov

4. *.webm

4   Android 的 MediaPlayer 類別可以用來播放音樂。下列敘述何者不正確？

1. MediaPlayer 類別定義的 start 方法可用來開始音樂播放

2. MediaPlayer 類別定義的 setDataSource 方法可用來指定所欲播放的音樂檔的路徑

3. MediaPlayer 類別定義的 setLooping 方法可用來設定播放器是否以重複播放的模式來播放音樂

4. MediaPlayer 可用來播放 mp3 與 wma 檔

答案	題目

1 Android 的 android.hardware.SensorEventListener 介面定義了兩個抽象方法，可被用來接收當感測器的值有所變動時從 SensorManager 所送出的通知。下列何者正確地描述了這兩個抽象方法的名稱？

1. onSensorChanged 與 onAccuracyChanged

2. onSensorChanged 與 onValueChanged

3. onValueChanged 與 onAccuracyChanged

4. 以上皆非

3 假設一個 Android 應用程式的 Activity 正常地開啟了一個 SQLite 資料庫，之後欲使用 SQL 的查詢指令查詢該資料庫內特定資料表的資料，可以使用下列哪一項方法？

1. execSQL

2. query

3. rawQuery

4. select

1 關於 Android 的記憶體回收機制，何者正確？

1. Garbage collection 機制會自動清除無用的記憶體空間

2. 程式人員必須撰寫清除記憶體的程式

3. Garbage collection 機制可以指定特定時間執行清理記憶體

4. 程式人員可以要求 Garbage collection 機制立刻執行清理記憶體空間的動作

3 有關 Service 的生命週期，以下敘述何者不正確？

1. 第一次啟動的時候會先呼叫 onCreate()

2. 第一次啟動時呼叫 onCreate() 後接著呼叫 onStart()

3. 如果 service 已經啟動，會先呼叫 onCreate() 接著呼叫 onStart()

4. 如果 service 已經啟動，只會呼叫 onStart()，不會呼叫 onCreate()

答案	題目

4　AsyncTask 是官方建議的多執行緒處理方式，在執行耗時的背景處理時，需要更新進度條時，會呼叫 publishProgress 通知進度狀態，此時要在何處更新進度條畫面？

1. onPreExecute

2. onPostExecute

3. doInBackground

4. onProgressUpdate

4　在開發 Android 應用程式時，會建議使用一種軟體架構模式－ MVC，關於 MVC 的敘述，下列何者不正確？

1. M 代表 Model（模型），可用於儲存資料的地方

2. V 代表 View（視圖），負責顯示畫面和圖示的元件

3. C 代表 Controller（控制器），控制程式的流程

4. Activity 屬於 Model 的範圍

1　開發應用程式時常常會需要將資料從一個 Activity 傳遞到另一個 Activity，例如在瀏覽器中點擊一組電話號碼，則會立即跳至撥號畫面，要達到此一設計，會用到下列哪些物件？

1. Intent、Bundle

2. Notification

3. Shared Preferences

4. ContentProvider

3　如果要讓使用者輸入日期格式的資料，下列哪種元件比較適合？

1. DateView

2. EditText

3. DatePickerDialog

4. EditDate

答案	題目
2	**建立功能選單，必須透過下列何種事件？**

1. onCreate()

2. onCreateOptionsMenu()

3. onCreateMenu()

4. onCreateMenuItem()

1	**如果要發送簡訊，必須開放下列何種權限？**

1. android.permission.SEND_SMS

2. android.permission.NOTIFY_SMS

3. android.permission.ALLOW_SMS

4. android.permission.SUBMIT_SMS